PERFECT PET OWNER'S GUIDES

飼育管理の基本、
生態・接し方・病気が
よくわかる

シマリス
完 全 飼 育

著―――大野瑞絵

医療監修―――三輪恭嗣　日本エキゾチック動物医療センター院長

写真―――井川俊彦

SEIBUNDO
SHINKOSHA

はじめに

春になるとたくさんの子リスが外国からペットショップにやってきて、飼い主さんのもとに迎えられます。表情も仕草もとてもかわいいことに加え、野生下から連れてこられたわけでもないのに、その暮らしぶりには野性らしさが多く残っているところも魅力の動物でもあります。

2005年『ペットガイドシリーズ　ザ・リス』の「はじめに」で「あなたが木々になってあげてください。あなたが大地になってあげてください。あなたが森になってあげてください」と書いてから何年も経ちましたが、シマリスの野性っぽさも、私の願いも変わることはありません。野生動物らしさを受け入れることと適切な飼育管理を行うことの両方を実現することは簡単ではありませんが、それがシマリスを飼うことの魅力ともいえるかもしれません。

シマリスはわりと以前からペットとして飼われている動物なのに、シマリス用の飼育用品やフードがとても多いわけではないですし、診てもらえる動物病院が多いわけでもありません。

☆このページのシマリスたちは、さいたま市市民の森・見沼グリーンセンター「りすの家」で撮影しました。「りすの家」は80ページで紹介しています。

そんな動物を迎える覚悟も必要なのだと思います。でも、住まいの工夫をしたり、どうやったら健康でいてくれるだろうかと考えたり、おいしく食べてくれるかなと思いながら食べ物を選んだりすることは、とても楽しいことでもあると思います。

制作にあたっては、三輪恭嗣先生に第8章「シマリスの健康管理と病気」の監修をお願いしました。また、多くの飼い主の皆さんからも飼育の工夫などを寄せていただいたほか、メーカーやペットショップにもご協力いただきました。感謝申し上げます。イラストレーター・デザイナーの福士悦子さんには各章の扉絵などを描き下ろしていただきました。また、本ができるまでには多くのスタッフが関わっています。平田美咲さん、竹口太朗さん、井川俊彦さん、前迫明子さん、ありがとうございました。

この本がシマリスとの暮らしにお役に立つことを願っています。

2022年4月　大野瑞絵

introduction

PERFECT
PET
OWNER'S
GUIDES

目次

はじめに...........002

Chapter 1　シマリスってこんな動物　　011

シマリスの仲間たち...........12
シマリスは「げっ歯目」のメンバー...........12
リスの仲間たち...........15
リス科のリスたち...........17
シマリス属のリスたち...........20

シマリスの体と暮らし...........23
体の特徴...........23
野生シマリスの暮らしと行動...........26
シマリスの冬眠...........29

【コラム】もっと知りたい、今のニホンリスのこと...........32
【コラム】日本のリス科動物たち...........35

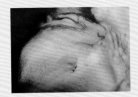

Chapter 2　シマリスを迎えるにあたって　　037

飼育にあたっての心がまえ...........38
シマリスの魅力...........38
覚悟も必要なシマリス飼育...........38
飼育にともなう責任を考えよう...........40
確認しておきたいさまざまなこと...........41
準備しておくもの・こと...........42
暮らしをシミュレーションしておこう...........44

知っておきたい法律...........45

動物愛護管理法...........45
外来生物法...........47
感染症法と動物の輸入届出制度...........48

どこからどんな子を迎えるか...........49
どこから迎える?...........49
どんな個体を選ぶ?...........50

シマリス写真館 PART01...........53

Chapter 3　シマリスの住まいづくり　055

住まいづくりにあたって..........56
シマリスの適切な環境とは..........56
環境エンリッチメントを取り入れよう..........56

必要な飼育用品..........58
ケージ..........58
飼育グッズ..........61

基本のケージレイアウト..........69

ケージの置き場所..........70
昼行性の暮らしに合った場所..........70
温度管理しやすい場所..........70
風通しがよい場所..........70
ストレスが少ない場所..........71

住まいの Q & A..........72
わが家の工夫【住まい編】..........74
【コラム】リス園に行こう！..........80

Chapter4　シマリスの食事　083

**野生下では
何を食べているのか**..........84
野生の食事を知る意味..........84
野生シマリスの食生活..........84

栄養の基本..........86
食べ物の栄養が命のもととなる..........86
タンパク質の役割..........86
炭水化物の役割..........86
脂質の役割..........87
ビタミンの役割..........87
ミネラルの役割..........88

シマリスに与える食事..........89
飼育下の食事をどう考えるか..........89
シマリスの主食と副食..........90

シマリスに与える食材..........92
ペレット..........92
雑穀..........94
野菜..........96
果物..........97
ナッツ類..........98
動物質..........99
そのほかの食材..........100
ドングリについて..........101

飲み水..........102
水は生きていくのに不可欠なもの..........102
与える水の種類..........102

水の与え方..........102

食事の工夫と注意..........103
食事に取り入れる環境エンリッチメント..........103
注意したほうがいい点..........104

「おやつ」について..........105
食事のなかの大好物が「おやつ」..........105
おやつの役割..........105

**危険な食材／
注意が必要な食材**..........106
毒性があるもの..........106
注意が必要なもの..........107

食事の Q & A..........108
わが家の工夫【食事編】..........111
シマリス写真館 PART02..........114

Chapter5　シマリスの世話　115

基本の世話………116
毎日行う世話………116
毎日の世話の内容………117
世話にあたって気をつけたいこと………119
時々行う世話………121

季節対策………123
シマリスに適した温度………123
春〜気温差に注意………123
梅雨〜ジメジメを取り除こう………123
夏〜エアコンは必須………124
秋〜気温差に注意………124
冬〜適切な温度管理を………125

どうしたらいい?　冬眠対策………126

そのほかの世話………128
トイレの教え方………128
グルーミング………129
留守番の方法………130
連れて出かけるとき………131
シマリスの防災対策………133
幼い子リスの飼育管理………135

お世話の Q & A………136
わが家の【ヒヤリ・ハット】………138
【コラム】リス愛からうまれたグッズ………142

Chapter6　シマリスとのコミュニケーション　143

仕草や鳴き声の意味を知ろう………144
仕草の意味………144
常同行動とは………145
鳴き声の意味………146

シマリスの慣らし方………147
どうして慣らす必要があるのか………147
シマリスの性質を理解する………147
慣らすにあたってのポイント………147
慣らし方の一例………148
シマリスのハンドリング（持ち方）………151

シマリスの運動と遊び………154
運動と遊びはなぜ必要?………154
ケージ内での運動と遊び………155
遊びのレパートリー………155
部屋に出す場合の注意点………156

秋冬に気が荒くなることについて………159
シマリスが噛みつくさまざまな理由………159
秋冬だけに気が荒くなるのはなぜ?………160

コミュニケーションの Q & A………162
わが家の【コミュニケーション】………164
【コラム】シマリスアートギャラリー………168
【コラム】シマリスをかわいく素敵に撮る!………170

Chapter7 シマリスの繁殖 171

繁殖にあたって..........172
繁殖の前に考えたいこと..........172
シマリスの繁殖データ..........173
オスとメスの見分け方..........173
繁殖生理とデータ..........173
繁殖の手順..........176
親となる個体の状態..........176

お見合いから妊娠まで..........176
妊娠中..........177
環境作り..........178
子育てから子どもの独立まで..........179
赤ちゃんシマリスの成長アルバム..........181

シマリス写真館 PART03..........185

Chapter8 シマリスの健康管理と病気 187

健康な毎日のために..........188
健康のためのポイント..........188
かかりつけ動物病院を見つけておこう..........189
サプリメントについて..........190
シマリスの健康チェック..........192
健康チェックの目的..........192
健康チェックは日常に取り入れて..........192
健康チェックのポイント..........192
シマリスがなりやすい病気..........196
治療を受けることになったら..........196
歯の病気..........196
消化器の病気..........198
呼吸器の病気..........200

皮膚の病気..........200
泌尿器の病気..........202
人工保育の手順の一例..........204
生殖器の病気..........206
目の病気..........206
外傷..........208
腫瘍..........211
そのほかの病気..........212
肥満..........216
人と動物の共通感染症..........218
シマリスの看護と介護..........220
看護のポイント..........220
高齢シマリスのケア..........223

Chapter9 リスの文化史 225

リスと人との関わりの歴史..........226
日本でシマリスが飼われるようになった背景..........226
【コラム】シマリスとのお別れ..........234

参考文献..........235
おわりに..........237
写真提供・撮影・取材ご協力者..........238

CHIP MU NK

CHIP
MU
NK

シマリスって こんな動物

シマリスの仲間たち

シマリスは「げっ歯目」のメンバー

世界中に広がるげっ歯目

　世界中の生物はそれぞれの特徴に基づいて分類されています。シマリスも人間も、「哺乳綱（哺乳類）」という大きなグループの仲間です。母乳を飲んで育つなどの共通した特徴があります。

　この哺乳類も、いくつものグループに分かれています。人間は霊長目（サル目）、犬や猫は食肉目（ネコ目）、そしてシマリスはげっ歯目（ネズミ目）というグループに属しています。

　げっ歯目に属する動物の種類は多く、2,277種が知られています。すべての哺乳類のうちの約42％がげっ歯目に分類されている、大所帯です。

　げっ歯目の動物は南極大陸を除くほぼ世界中に生息しています。寒冷地や熱帯、乾燥地帯などさまざまな気候の地域で、樹上や地上、地下、水場などで暮らしています。大きな群れを作る、単独で暮らす、昼行性、夜行性、肉食、雑食、草食など、その生活のしかたはバラエティに富んでいます。

　人との関係性にもいろいろな形があります。ペットや動物園での展示、実験動物としての利用など、人にとって身近なものもいますし、野生下では絶滅危惧種になっているようなものもいます。また、げっ歯目の動物たちはマンガやアニメなどにも登場し、なじみ深い存在でもあります。

　げっ歯目は大きく3つに分類されています。この書籍の主役であるシマリスなどのリス、モモンガを含む「リス形亜目」、ハムスター、マウス、ラットなどの「ネズミ形亜目」、モルモット、チンチラ、デグーなどの「ヤマアラシ形亜目」の3つです。

げっ歯目の動物と人との関係性はいろいろな形があります。

共通する体の特徴

❋ 伸び続ける歯

げっ歯目には共通する体の特徴があります。なんといっても、「齧歯目」という名称にも示されている「ものをかじる歯」のしくみです。

げっ歯目動物には、切歯（前歯）と臼歯（奥歯）だけがあり、犬歯はありません。臼歯の本数は動物種によって異なりますが、切歯はどの種も上下に2本ずつです。

動物の種類によって切歯だけ、あるいは切歯と臼歯の両方が、生涯に渡って伸び続けるのが大きな特徴です。リスやネズミの仲間では切歯だけが伸び続け、モルモットやチンチラ、デグーなどでは切歯だけでなく臼歯も伸び続けます。

歯は、歯の組織が根元で作られて伸びますが、人や犬猫などでは歯ができあがると根元の穴が閉じ、それ以上歯が作られることはありません。ところがげっ歯目の歯では根元の穴が閉じることがないため、歯の組織がずっと作られ続けるのです。

一方、げっ歯目の歯はものを食べたり何かをかじったりするときに削られていきます。人の歯では歯全体を覆っている硬い組織であるエナメル質が、げっ歯目の切歯では前面（唇側）にしかなく、裏側（舌側）はそれより柔らかい象牙質があるため、歯を使うことで常にノミ状に鋭く削れています。エナメル質もずっと使っていれば削られますが、歯は根元で作られ続けているので、歯が短くなってしまうようなことはありません。

❋ ものを噛む力

ものを咀嚼するのに使われる顎の筋肉（咬筋）が発達しているのもげっ歯目動物の特徴です。人では下顎から頬骨にかけてある咬筋が、げっ歯目では鼻面のほうにまで伸び、発達しています（げっ歯目の3つの分類のうちリス形亜目が最も原始的といわれています）。この咬筋が、げっ歯目のものをかじる能力を強めています。

体の特徴のバリエーション

げっ歯目というとマウスやラットなどのいわゆるネズミが典型的な体つきですが、実際にはさまざまなバリエーションがあります。ヤマアラシのように背中に針をもつものもいれば、チンチラのようにふわふわの被毛に包まれたものもいます。大きさも、大型犬ほどもあるカピバラから体重6gほどのコビトハツカネズミまでと幅広いです。

樹上で暮らすリスの仲間は尾が長いですが、モルモットのようにほとんど尾がないものもいます。シマリスやハムスターには頬袋がありますが、頬袋をもたないげっ歯目もたくさんいます。

げっ歯目でもモルモットのお尻にはしっぽが見えません。

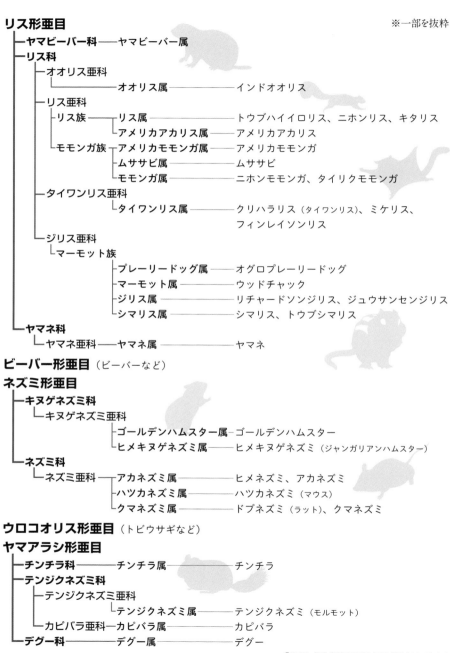

〈げっ歯目の分類〉

※一部を抜粋

リス形亜目
- **ヤマビーバー科**──ヤマビーバー属
- **リス科**
  - **オオリス亜科**
    - **オオリス属**────────インドオオリス
  - **リス亜科**
    - **リス族**──**リス属**────────トウブハイイロリス、ニホンリス、キタリス
      - **アメリカアカリス属**────アメリカアカリス
    - **モモンガ族**──**アメリカモモンガ属**────アメリカモモンガ
      - **ムササビ属**────────ムササビ
      - **モモンガ属**────────ニホンモモンガ、タイリクモモンガ
  - **タイワンリス亜科**
    - **タイワンリス属**────────クリハラリス（タイワンリス）、ミケリス、
      フィンレイソンリス
  - **ジリス亜科**
    - **マーモット族**
      - **プレーリードッグ属**────オグロプレーリードッグ
      - **マーモット属**────────ウッドチャック
      - **ジリス属**────────リチャードソンジリス、ジュウサンセンジリス
      - **シマリス属**────────シマリス、トウブシマリス
- **ヤマネ科**
  - **ヤマネ亜科**──ヤマネ属────────ヤマネ

ビーバー形亜目（ビーバーなど）
ネズミ形亜目
- **キヌゲネズミ科**
  - **キヌゲネズミ亜科**
    - **ゴールデンハムスター属**─ゴールデンハムスター
    - **ヒメキヌゲネズミ属**────ヒメキヌゲネズミ（ジャンガリアンハムスター）
- **ネズミ科**
  - **ネズミ亜科**──**アカネズミ属**────ヒメネズミ、アカネズミ
    - **ハツカネズミ属**────ハツカネズミ（マウス）
    - **クマネズミ属**────────ドブネズミ（ラット）、クマネズミ

ウロコオリス形亜目（トビウサギなど）
ヤマアラシ形亜目
- **チンチラ科**────────**チンチラ属**────────チンチラ
- **テンジクネズミ科**
  - **テンジクネズミ亜科**
    - **テンジクネズミ属**────────テンジクネズミ（モルモット）
  - **カピバラ亜科**──**カピバラ属**────────カピバラ
- **デグー科**────────**デグー属**────────デグー

『世界哺乳類標準和名目録』(2018)より

リスの仲間たち

リス科の分類

　げっ歯目のうちシマリスが分類されているのは「リス形亜目」で、ヤマビーバー科、リス科、ヤマネ科に分かれています。ヤマビーバー科のヤマビーバーは、ダムを作ることで知られているビーバーとは別の種です。ヤマネ科には、日本固有種のヤマネ（ニホンヤマネ）や、ペットとしても飼われているアフリカヤマネなどがいます。

　私たちが「リス」と聞いて思い浮かべるリスの仲間は、リス科に属しています。リス科の共通の祖先は約3,600万年前に現れました。リスの仲間たちは、げっ歯目のなかでも最も祖先に似た体型や暮らし方をしているといわれます。

　リス科はオオリス亜科、ナンベイマメリス亜科、リス亜科、タイワンリス亜科、ジリス亜科に分かれていて、全部で278種のリスの仲間が分類されています。

　このうちリス亜科はニホンリスやキタリス、トウブハイイロリスなどを含むリス族、アメリカモモンガやニホンモモンガ、ムササビなどを含むモモンガ族に分かれています。

　シマリスは、ジリス亜科のうちマーモット族に分類されています。マーモット族にはプレーリードッグやウッドチャック、リチャードソンジリスなどの主に地上で生活するリスが含まれています。シマリスとそのほかのジリスとではずいぶん異なる印象もありますが、マーモット族のすべての種は頬袋をもつとされています（ただし種によっては使わなかったりサイズが小さかったりします）。

　リス科のリスたちは南極大陸とオーストラリアを除く世界中に広く生息しています。オーストラリアにはトウブハイイロリスなどが移入されたことがありました。

リス科のリスたちのさまざまな暮らし

　リス科のなかではマーモットの仲間が最も体が大きく、ステップマーモットには8kg以上のものもいます。樹上性リスだとオオリス属が

地域別のリス科の分布（タイプ別）

"Squirrel: The Animal Answer Guide" より

大きく、2〜3kgのものもいるといいます。小さいリスはコビトリス属やアフリカコビトリス属で、アフリカコビトリスはわずか16gほどです。

　生息する環境も、平地からヒマラヤ山脈のような高地まで、乾燥地帯や熱帯雨林、北極圏などさまざまです。暮らし方も多様です。「リス」と聞いて誰もが思い浮かべるような、ふさふさの長い尾をもつリス（エゾリスやニホンリスなど）は、主に木の上で暮らしています。

　樹上で暮らし、木から木へと滑空するモモンガやムササビは、前足と後ろ足の間に飛膜をもっています。多くのリスは昼行性ですが、これらのリスたちは夜行性です。

　主に地上で暮らすリスたちもいます。プレーリードッグやリチャードソンジリスなどは、地下にトンネルを掘って巣を作ります。リスには単独生活をするものも多いなか、集団で暮らすのも特徴です。

日本で暮らすリス科のリスたち

　日本では、種類によってはリス科のリスたちを実際に観察することも可能です。北海道では公園で野生のエゾリスを観察できたり、東京の高尾山ではムササビの滑空を見ることもできます。動物園ではオグロプレーリードッグなどが飼育展示されています。ペットとして

はシマリスのほか、アメリカモモンガやリチャードソンジリスなどが飼われています。かつてはキタリス、タイリクモモンガ、クリハラリス（タイワンリス）などもペットとして飼われていましたが、特定外来生物に指定され、愛玩飼育はできなくなっています。オグロプレーリードッグは飼育の規制はありませんが、原産国であるアメリカからの輸入は禁止となっています。

滑空性のアメリカモモンガ

樹上性のアメリカアカリス
（写真提供：日立市かみね動物園）

樹上＋地上性のシマリス

地上性のオグロプレーリードッグ

リス科のリスたち

インドオオリス

【英名】 Indian Giant Squirrel

【学名】 *Ratufa indica*

【分類】 リス科オオリス亜科オオリス属

　樹上性のリスです。インドの中部から南部にかけて生息、広葉樹林を好んで暮らします。林冠（森林の最上層のほう）に小枝や葉で巣を作ります。一日のほとんどの時間を樹上ですごします。果実食ですが、果実が乏しいときには葉や花、種子、樹皮なども食べます。体の大きさは、オスが頭胴長約36.2cm、尾長約44cm、体重約1.6kg、メスが頭胴長約36.5cm、尾長約46cm、体重約1.8kgです。被毛の色は、背中が黒と栗色、胸から前足にかけてはクリーム色、尾は黒ですが、亜種によっては先端が白いものもいます。

　樹上で食事をするときの姿は独特です。後ろ足で枝をつかみ、食べ物をつかんでいる前足ごと上体を枝の片側に倒し、尾を枝の反対側に垂らしてバランスを取ります。飼育下で20歳まで生きた記録があります。

インドオオリス
© Fotogenix/Shutterstock.com

トウブハイイロリス

【英名】 Eastern Gray Squirrel

【学名】 *Sciurus carolinensis*

【分類】 リス科リス亜科リス族リス属

　樹上性のリスです。本来の生息地はカナダ南部からアメリカの東側ですが、世界各地に移入されています。イギリスでは本来の在来種であるキタリスと置き換わってしまったとされます。IUCN（国際自然保護連合）の「世界の侵略的外来種ワースト100」の一種です。日本では特定外来生物に指定されています。

　広葉樹林や混合樹林に生息するほか、樹木がまばらな都市部でも見られます。クルミなど貯蔵できる実をつける木を好みます。樹洞を巣にしたり、木の股に小枝や葉で作った球形の巣を作ります。種子や果実、新芽、花やキノコ、時には昆虫などの動物質を食べ、ナッツ類は分散貯蔵します。体の大きさは、頭胴長20〜31.5cm、尾長15〜25cm、体重300〜710gです。背部は白が混じった灰色〜濃い灰色、腹部は白〜シナモン色です。アルビノ、黒などのカラーが観察されることがあります。

　野外での長寿記録はオス9歳以上、メス12.5歳、飼育下ではメスで20歳という記録もあります。

トウブハイイロリス

アメリカアカリス

【英名】 Red Squirrel
【学名】 *Tamiasciurus hudsonicus*
【分類】 リス科リス亜科リス族
　　　　アメリカアカリス属

　樹上性のリスです。アラスカからカナダ、アメリカ西部の山岳地帯、北東部に生息しています。針葉樹林が一般的ですが、混合林のほか公園などさまざまな場所で見られます。樹上に巣を作ります。木の実や種子を主に食べますが、ほかに木の芽や花、樹液や樹皮、キノコ、昆虫なども食べています。夏の終わりから秋にかけて松ぼっくりを大量に貯蔵します。樹上性リスのなかでは小型です。体の大きさは、オスが頭胴長約18.7cm、尾長約12.3cm、体重約194g、メスが頭胴長約18.9cm、尾長約12.3cm、体重約213gです。背中は赤褐色やオリーブがかった灰色、腹部は白です。目の周囲を白いリング状に被毛が囲みます。鳴き声がにぎやかなことでも知られています。（写真は16ページ）

アメリカモモンガ

【英名】 Southern Flying Squirrel
【学名】 *Glaucomys volans*
【分類】 リス科リス亜科モモンガ族
　　　　アメリカモモンガ属

　滑空する夜行性のリスです。アメリカの東半分と、メキシコからホンジュラスにかけて生息しています。落葉樹や針葉樹の森林に暮らし、樹洞を巣にします。単独生活をしますが、冬場は複数が集まって巣で暮らします。リス科のなかでは動物質をよく食べるほうです。木の実や種子、果実のほかに、昆虫類、鳥の卵などを食べます。体の大きさは、オスが頭胴長約13.1cm、尾長約10.3cm、体重約53.2g、メスが頭胴長約13.2cm、尾長約10.3cm、体重約57.6gです。手首から足首までの間に飛膜をもちます。背中は灰色がかった茶色、腹部はクリーム色で、飛膜の縁は暗褐色です。大きな目が特徴的で、目の周囲を黒い被毛がリング状に囲みます。

　木から木へは滑空して移動します。最大90mの滑空が可能といわれますが、通常は6〜9mほどを滑空することが多いです。アメリカモモンガはペットとしても飼育されています。

クリハラリス（タイワンリス）

【英名】 Pallas's Squirrel
【学名】 *Callosciurus erythraeus*
【分類】 リス科タイワンリス亜科
　　　　タイワンリス属

　樹上性のリスです。和名はクリハラリスですが、一般にはタイワンリスという名前が知られています。アカハラリス（Red-bellied squirrel）

アメリカモモンガ

という別名もありますが、リス亜科リス属に英名が「Red-bellied squirrel」(アカハラハイイロリス)というまったく別のリスがいます(中米〜南米に生息)。クリハラリスはインド東部〜中国南東部、台湾に生息しています。日本やアルゼンチン、オランダ、ベルギーなどに移入されました。日本では鎌倉や伊豆大島、長崎(壱岐、福江島)などに定着しています。特定外来生物に指定されています。

　自然界では熱帯や亜熱帯の森林で見られます。木の股に小枝や葉、細かくした樹皮などで巣を作ります。果実や種子、花や葉、アリなどの昆虫を食べています。体の大きさは、オスが頭胴長22.7cm、尾長約20.5cm、体重約359g、メスが頭胴長約21.7cm、尾長約21.6cm、体重約375gです。一般的な樹上性リスと比べると耳介が小さいのが特徴です。背中はオリーブ色がかった茶色、腹部は生息地によって赤みがかったものや灰色のものがいます。

　猛禽類、ヘビ、肉食動物がクリハラリスの天敵ですが、天敵の種類によって異なる警戒の鳴き声をあげ、周囲のタイワンリスがそれぞれ異なる反応を示すといいます。

リチャードソンジリス

【英名】　Richardson's Ground Squirrel
【学名】　*Spermophilus richardsonii*
【分類】　リス科ジリス亜科マーモット族
　　　　　ジリス属

　地上性のリスです。カナダ南部〜アメリカ北部に生息。草地、牧草地、耕作地で暮らしています。地下にトンネルを掘って複雑な巣を作ります。オスとメスとで社会性に違いがあり、メスは近親のメスとは友好的な関係を作りますが、オスは単独性が強いです。草食性ですが、昆虫類なども食べます。体の大きさは、オスが全長約30.7cm、尾長約7.5cm、体重290〜745g、メスが全長約29.1cm、尾長約7cm、体重120〜590gです。季節による体重の差が大きく、冬眠前には冬眠に備えて体重を増やします。頬袋をもちます。背中は灰色がかったシナモン色、腹部はそれより明るい色となっています。

　野生下では6〜8月頃から地下の巣穴で冬眠に入り、2〜4月頃に目覚めます。一年の多くの時期を地下で眠っています。なお、属名を「*Urocitellus*属」とする資料もあります。

クリハラリス

リチャードソンジリス

シマリス属のリスたち

25種いるシマリスの仲間

　シマリスは、リス科ジリス亜科マーモット族シマリス属に分類されています。樹上でも地上でも暮らしていますが、分類上はジリスの仲間です。

　シマリス属には全部で25種のシマリスがいます。どのシマリスも背中に縞があるなど外見はとても似ていますし、昼行性であること、地下にトンネルを掘って巣を作ることや、貯食行動をすること、植物食傾向の雑食性であることなど、共通する暮らしぶりがあります。冬眠するものとしないものがいたり、生息環境は森林のほか岩場に暮らすものもいるなどの違いもあります。

　分布を見ると、私たちがペットとして飼育しているシマリスだけはユーラシア大陸〜東アジアに分布し、ほかの24種のシマリスはすべてアメリカ大陸に生息しているという大きな違いがあります。

　「シマリス」は私たちが飼育しているシマリスの和名ですが、シマリス全体（シマリス属）を指す場合とまぎらわしいので、この項では英名（Siberian chipmunk）をもとにシベリアシマリスと呼ぶことにします。

　シベリアシマリス以外のシマリスすべてはカナダ北部からメキシコ中部にかけた地域に生息しています。アメリカ大陸のシマリスはかつて陸続きだった太古にシベリアから渡ったと考えられています。トウブシマリスのように広い生息域をもつシマリスもいますが、限定的な地域に生息するシマリスも多いです。体の大きさにも種による若干の違いがあり、最も小柄なシマリスはチビシマリスで、体重はオス43.7g、メス46.4g。最も大きいのはトウブシマリスで　体重はオス101.0g、メス93.9g。外見の違いでは、ミミナガシマリス

シマリス属のシマリスたち
※分布は概略です

和名	英名	学名	主な分布
タカネシマリス	Alpine Chipmunk	Tamias alpinus	カリフォルニア州
キマツシマリス	Yellow-Pine Chipmunk	Tamias amoenus	カナダ南西部〜アメリカ北西部
ブラーシマリス	Buller's Chipmunk	Tamias bulleri	メキシコの一部
ハイアシシマリス	Gray-Footed Chipmunk	Tamias canipes	アメリカ南部
クビワシマリス	Gray-Collared Chipmunk	Tamias cinereicollis	アメリカ南部
ガケシマリス	Cliff Chipmunk	Tamias dorsalis	アメリカ南西部
デュランゴシマリス	Durango Chipmunk	Tamias durangae	メキシコ
メリアムシマリス	Merriam's Chipmunk	Tamias merriami	アメリカ南西部
チビシマリス	Least Chipmunk	Tamias minimus	カナダ〜アメリカ西部
ススイロシマリス	California Chipmunk / Dusky Chipmunk	Tamias obscurus	カリフォルニア州、メキシコ
ホオキシマリス	Yellow-Cheeked Chipmunk / Redwood Chipmunk	Tamias ochrogenys	カリフォルニア州
パルマーシマリス	Palmer's Chipmunk	Tamias palmeri	ネバダ州
パナミントシマリス	Panamint Chipmunk	Tamias panamintinus	カリフォルニア州、ネバダ州
ミミナガシマリス	Long-Eared Chipmunk	Tamias quadrimaculatus	カリフォルニア州
コロラドシマリス	Colorado Chipmunk	Tamias quadrivittatus	アメリカ西部
アカオシマリス	Red-Tailed Chipmunk	Tamias ruficaudus	アメリカ北西部
アカシマリス	Hopi Chipmunk	Tamias rufus	アメリカ西部
アレンシマリス	Shadow Chipmunk	Tamias senex	アメリカ西部
シマリス	Siberian Chipmunk	Tamias sibiricus	シベリア、中国北部など、韓国、日本
シスキューシマリス	Siskiyou Chipmunk	Tamias siskiyou	オレゴン州、カリフォルニア州
ソノマシマリス	Sonoma Chipmunk	Tamias sonomae	カリフォルニア州
サンバーナディーノシマリス	Lodgepole Chipmunk	Tamias speciosus	カリフォルニア州
トウブシマリス	Eastern Chipmunk	Tamias striatus	カナダ南東部〜アメリカ東部
タウンゼントシマリス	Townsend's Chipmunk	Tamias townsendii	ブリティッシュコロンビア州、ワシントン州
ユインタシマリス	Uinta Chipmunk	Tamias umbrinus	アメリカ西部

が大きめの耳をもっています。

　25種のシマリスをひとつの属とするのではなく、トウブシマリスだけをタミアス（*Tamias*）亜属、シベリアシマリスだけをユータミアス（*Eutamias*）亜属、それ以外の23種をネオタミアス（*Neotamias*）亜属という3つの亜属に分けたり（3つの属とするものもある）、ネオタミアス亜属を5つのグループに分けるという考え方もあるなど、シマリスの分類は今後も変わっていく可能性があります。

シベリアシマリス

　シベリアシマリスは、シベリア、モンゴルや中国北部・中部、韓国といったユーラシア大陸〜東アジア、そして日本の北海道に生息しているシマリスです。シマリス属25種のうちシベリアシマリスだけがアジアに分布しています。

　シベリアシマリスも、形態学的・遺伝的特徴による分析で、北部ユーラシア（ロシア、朝鮮半島最北東部、モンゴル、北海道、中国東北部）に分布する「*Eutamias sibiricus sibiricus*」、朝鮮半島（最北東部を除く）に分布する「*E. s. barberi*」、中国中部に分布する「*E. s. senescens*」の3つのグループに分けられ、毛色の違いが報告されています。北海道に生息するシマリスは北部ユーラシアグループに含まれます。

　ほかにもシベリアシマリスを9つの亜種に分けるという資料もあります。

日本のシマリス

　私たちが飼育しているシマリスは外国産の外来生物で、もともと日本に生息しているシマリスとは亜種レベルで異なる種類です。日本にいるシマリスについて考えてみましょう。

❋ 野生のシマリス

　日本では北海道にのみシマリス（シベリア

シベリアシマリスの毛色の違い

グループ	頭頂部	背部の暗い縞模様	背部の明るい縞模様（中央の一対）	背部の明るい縞模様（側方の一対）	臀部の中央部分
北部ユーラシア	灰褐色か黄褐色	黒	淡褐色	淡い灰褐色	褐色か黄褐色
朝鮮半島	赤褐色	濃い黒褐色	鮮やかな赤褐色	淡い黄褐色	鮮やかな赤褐色
中国中部	灰褐色	黒褐色	淡褐色	淡灰色	赤褐色

"Diversity of Palaearctic chipmunks" および「総説:シマリス属（*Tamias*属）の系統進化と分類」より

シベリアシマリスの9つの亜種

Tamias sibiricus sibiricus	アルタイ山脈（ロシア、カザフスタン、モンゴル、中国）とシベリア。毛色は暗い。
T. s. asiaticus	オホーツク海の北で、シベリア中北部からカムチャツカ半島にかけて。臀部の毛色は灰色。
T. s. lineatus	サハリン、北海道。
T. s. okadae	南千島。頭部・腰部・臀部は深い赤錆色。尾はほぼ黒で毛先は白い。
T. s. ordinalis	中国。*T. s. senescens*に似ているがはるかに淡い毛色。
T. s. orientalis	シベリア、中国東北部、韓国。*T. s. senescens*に似ているがより明るく赤みがある。目の上の白い縞が鼻まで伸びている。背中の外側の明るい縞は内側の縞より赤みがある。
T. s. pallasi	（情報なし）
T. s. senescens	中国。毛色は*T. s. ordinalis*に似ている。
T. s. umbrosus	甘粛（中国）。*T. s. senescens*とは頭部と肩に灰色の被毛が欠けている点が異なる。頭部の被毛はより暗くすんでいる。

"Squirrels of the World" より

シマリス)の亜種である「エゾシマリス」が生息しています。ペットとして飼育することは認められていません。

● 北海道で飼育されているペットのシマリス

北海道では、道内の生物多様性を守るため、「北海道生物の多様性の保全等に関する条例」による「指定外来種」が指定され、外来種であるペットのシマリスもそのひとつです。適切な飼育管理を行い、屋外に脱走することのないように飼わねばなりません。エゾシマリスとペットのシマリスは繁殖が可能なので、遺伝的に交雑するおそれがあるのです。

● 輸入されたシマリス

ペットとして飼育されているのは主に中国から輸入されたシマリスです。一部は、実験動物としても使われています。

1993年までは韓国から輸入されていましたが、韓国で野生シマリス(チョウセンシマリス)の生息数が減少したことから、1994年以降は韓国からの輸出が禁止となりました。韓国から輸入されていた時期には年間15〜20万頭も輸入されていたとする資料もあります。現在、日本には主に中国から輸入されています。

2005年から始まった「動物の輸入届出制度」により、ペットの輸入には衛生証明書や、適切な繁殖施設であることが必要となったことなどから、輸入頭数は減少傾向にあります。中国から3万頭ほど輸入されてきたこともありましたが、現在は5〜6千頭程度となっています(新型コロナウイルス感染症の影響で2020年は輸入ゼロ)。

現在、輸入されているシマリスはチュウゴクシマリスといわれていますが、中国の繁殖施設で飼育繁殖されているシマリスが亜種レベルでどのシマリスかはわかりません。ただ、いずれにしても日本の在来のシマリス(エゾシマリス)ではありません。

● 野生化した外来シマリス

日本の野生下には本来、北海道にしかシマリスはいないはずです。ところが、シマリスが、新潟、長野、山梨、岐阜、愛知、静岡をはじめ全国で目撃されています。ペットや施設で飼われていたものが逃げた(逃した)だけでなく、意図的な放獣も行われたことがあったようです。北海道でも行われたことがあり、エゾシマリスではないシマリスが野生下しているようです。エゾシマリスとそれ以外のシマリスは外見上区別がつかないので、北海道で見かけたシマリスがエゾシマリスではない、という可能性もあります。

北海道はエゾシマリスとの遺伝的撹乱が心配されますし、北海道以外では在来種(野ネズミやヤマネなど)との競合(食べ物や住む場所など)の心配があります。

シマリスは特定外来生物ではありませんが、「生態系被害防止外来種リスト」では生態系を乱すおそれなどから、重点対策外来種とされています。

飼育しているシマリスは脱走することのないよう飼育管理をし、故意に逃したり捨てたりすることは決してしてはなりません。シマリスを飼育するなら、外来種を飼育しているという自覚と責任が必要です。

シマリスの体と暮らし

体の特徴

❋目

比較的側面に目がついているため、視野が広く、かなり後方まで見ることができます。目の位置が真横ではないので両眼視もでき、立体視もできます。すぐれた視覚をもちます。

昼行性のリス科動物の特徴として、二色性の色覚があるといわれます。赤または緑をほかの色と区別することができ、赤と緑を区別することができません。また、目のレンズが黄色がかっており、サングラスのようにまぶしさを減らしたり、色のコントラストを高めます。網膜全体がするどい視力をもつので、頭を動かさずにものをよく見ることができます。

❋耳

すぐれた聴覚をもちます。耳には毛細血管が集まっているので、暑いときには体熱放散に役立ちます。エゾリスやニホンリスなどとは違い、冬場に房毛が生えることはありません。

❋鼻

嗅覚もすぐれています。分散貯蔵した食べ物は記憶のほかににおいでも探すことができます。

❋歯

全部で22本です。切歯（前歯）は上下2本ずつで、生涯に渡って伸び続けます。臼歯は全部で18本です（前臼歯6本、後臼歯12本）。犬歯はありません。切歯は、エナメル質が作られるときに銅や鉄などがカルシウムと一緒に取り込まれるため、黄色っぽい色をしています。

前足の指は4本。

視覚、聴覚、嗅覚にすぐれ、生涯伸び続ける歯をもつ。

後ろ足の指は5本。

❋ 頰袋

口腔が陥没したものです。食べ物を貯蔵するため運ぶときに使われます。

❋ 被毛と縞模様

背中に黒い5本の縞があります。中央の縞は頭部から尾の付け根にかけて長く、側方の2本の縞の間は白っぽくなっています。

顔の側面にも、ちょうど目のある位置に縞があり、目の上下に白い縞と濃い縞があります。目が濃い縞の中にあるのは、目を目立たなくする効果があるのかもしれません。

縞模様は地上の草むらや樹上の木漏れ日のなかではかえって目立たず、腹部が白っぽいのは、下から見上げたときに目立ちにくいカウンターシェーディングになっています。

茶色っぽい体に黒い縞があるのが一般的なシマリスの毛色です。まれにほかの毛色もみられます。色素が薄く、白い被毛に薄いグレーの縞があり、目が濃い赤のシマリスは、ホワイトシマリスなどと呼ばれます。色素をもたない場合はアルビノ

といい、縞も見られません。シナモン、ルビーアイドホワイト(白い被毛で縞はなく、目が濃い赤)、ブラック、パイド(ぶち)などもあるとされています。

❋ ひげ

触覚を司る感覚器官です。感覚器官としてのひげは、鼻の脇、頬、目の上、顎の下、前足などに存在します。

❋ 尾

長い尾があります。長さは頭胴長の2/3ほどです。枝の上を歩くときなどにバランスをとる、体を丸めて眠るときには体に巻きつけるようにし、体熱放散を防ぐ働きがあります。尾は感情も示します。尾の被毛は密に生えており、安心しているときの被毛は寝ていますが、緊張、警戒、興奮しているときには立ち上がり、まるで試験管ブラシのように見えます。

❋ 指と爪、四肢

前足の指は4本、後ろ足の指は5本あります。前足の親指は退化しています。爪は鉤爪で鋭く、木を登り降りしたり地面

背中の縞は5本。

尾は素早く動くときのバランスをとる。感情を表すことも。

食べ物を入れることのできる頬袋。

を掘ったりするのに役立ちます。前足は短めで穴掘りに適しています。手先はとても器用です。後ろ足は発達していてジャンプ力にすぐれています。

✳ 骨格と内臓(消化管)

脊椎の数は、頸椎7個、胸椎12〜13個、腰椎7個、仙椎4個、尾椎20〜21個です。

雑食動物ですが植物食傾向が強いので腸管は長く、平均約78cmで体長の6.5倍あります。盲腸では腸内細菌叢による繊維質の発酵が行われ、食糞することでビタミンB群やビタミンKを摂取します。

✳ 生殖器

繁殖シーズン以外では目立ちませんが、シーズンになるとオスは精巣が目立ちます。メスは発情日に陰部が充血してふくらみます。

✳ 体の大きさ

頭胴長は12〜17cm、尾長は10〜12cm、体重は70〜150gです。シマリスには性的二形(オスとメスで生殖器以外に違いがあること)がみられ、メスのほうがオスよりやや体が大きいです。オスは頭胴長14.9cm、体重93.4g、メスは頭胴長15cm、体重96.2gとする資料もあります。

✳ 寿命

平均寿命は4〜6年とされていますが、6〜10歳とする資料もあります。10年近く生きるシマリスは多く、それ以上に長生きしてくれる個体もいます。記録があるなかでは12歳、未確認のものでは15歳という情報もあります。

✳ 排泄物

便は楕円形で、色は黒〜黒褐色、長さは4mm前後です。食糞をします。尿は薄い黄色です。

まれに見られる毛色。一般にはホワイトシマリスと呼ばれている。

白っぽい腹部は、樹上にいるシマリスを下から見上げた時に目立ちにくい。

野生シマリスの暮らしと行動

森での暮らし

さまざまな生息地で暮らしています。通常は常緑樹や落葉樹、針葉樹などの森林で、地面が植物などで覆われているようなところです。緑の多い都市部や農地などでも見られます。分類上ではジリスで、地上で生活する時間が多いですが、樹上も行動圏になっています。

単独での生活

シマリスは単独生活をする動物で、通常、子育てをするときと交尾のときしか他の個体と一緒にいることはありません。

しかし、単独で暮らしながらも、近くにいるほかのシマリスのことは尿によるにおいつけなどで情報を得ていたり、それぞれの行動圏（最大直径300mといわれる）や頭数の密度（1haあたり5.5〜6.6頭）を適度に保つようにしているといわれます。

また、捕食動物が近くにいるときに警戒の鳴き声をあげるのも、ほかの個体への情報提供になっています。群れを作ったりペアや家族単位で暮らしたりすることはないものの、ほかの個体の存在は意識し、情報は共有しながら個々に暮らしているのだろうと考えられます。「ゆるい群れ」とする資料もあります。

行動圏は重なり合いますが、冬眠巣は間隔をとって作られます。

ただ、樹上性リスの警戒行動については、たまたま他の個体に危険を警告することにはなっていても、本来の目的は、警戒さ

れていることを捕食者に知らせ、自分に近寄らせないようにしているからともいわれます。

昼行性

夜明けとともに活動を開始して、日が暮れるまでに巣に戻る、昼行性の動物です。

日中は食べ物を隠すために何度も巣に戻っています。繁殖シーズンには、オスは早くに巣から出て遅くに戻り、メスは遅くに巣から出て早くに戻るといいます。

貯食行動

貯食行動には分散貯蔵と巣内貯蔵があります。分散貯蔵は、直径2cmほど、深さ3cmほどの穴を掘って食べ物を隠します。巣内貯蔵は地下の巣穴にも樹洞の巣穴にも行います。

隠した食べ物は、記憶とにおいで見つけるといわれます。キマツシマリスの観察では、ほかのシマリスが隠したものよりも自分で隠したものを多く見つけているそうで、その環境

隠した食べ物を探すシマリス。

中の目印となるものをたよりに記憶しているとされます。また、より多く隠しているところを見つける頻度が高いことから、場所も貯蔵したものも記憶していると考えられています。

巣を作る

シマリスの巣は樹上と地下にあります。樹上の巣は、自然にできた樹洞やキツツキなどが作った巣穴を使います。地下の巣は自分で掘ったり、ほかのシマリスが以前に使っていたものを使います。冬眠中以外は、ずっと同じ巣を使うことはないようで、数日〜数週間単位で巣の位置を変えるとのことです。

活動中に捕食者などがいたときに逃げるのは樹洞が多く、冬眠と出産、子育ては必ず地下巣で行い、食べ物を隠すのは地下巣が多いようです。

地下巣は基本的には1本のトンネルと突き当りにある巣室で、排泄する場所が巣室とは別に設けられています。地下巣を測定した調査によると（すべて平均）、出入り口の直径は5.1cm、主トンネルの長さは186.6cm、巣室の底までで地上からの深さが76.1cmです。巣室には、外部から運び込んだ巣材（枯れ葉など）と食べ物が貯蔵されています。

排泄とにおいつけ

シマリスは地下巣の中では、巣室ではない決まった場所で排泄します。

シマリスのにおいつけに関する飼育下での研究では、ほかのシマリスの尿のにおいと自分の尿のにおいを区別し、ほかのシマリスの尿があると自分の尿でマーキングすること、目新しい環境下では糞便でにおいつけをすること、自分のケージでは決まった場所に排泄をすること（ただしオスのほうが顕著でメスは少ない）などがわかっています。

繁殖

野生下では、オスが先に冬眠から目覚め、メスが目覚めるのを待ち受けているようです。メスが冬眠から覚めると平均3日で発情します。繁殖シーズンになると、メスは鳴き声をあげ、メスが交尾を許容するわずかなチャンスをめぐるオス同士の激しい争いなどが起こります。北海道では4〜5月に見られる光景です。交尾はメスの冬眠明けから10日以内に行われるとされています。

交尾をめぐる順位は、オスのうち2歳が最も優位で、3歳以降がそれに続き、1歳が最も下位だとか。

メスは地下巣で出産し、子育てはメスだけが単独で行います。シマリスの母親はある程度子どもが育つと、子どもを巣に残して外出するようになります。子育て中の巣のそばでは活動しないようです。子どもの存在を知られないためでしょう。

生後35日くらいまでは母親は夜も子どもと一緒に巣で過ごし、日中は何度か外に出ていきます。この頃から子どもたちは外に出るようになります。母親が巣を訪れて運んできた食べ物を与えたり、母乳を与え、それから子どもたちが外に出ていきますが、この頃からは母親は夜は別の巣で眠るようです。巣の移動は子育て中に何度も行われ、樹洞も使われます。

生後37〜47日頃になると母親が来るのを待たないで外出するようになり、生後2ヶ月で独立します。子どものうちオスはメスよりも遠くに行き、メスは母親のそばにいるようです。

子育てに適した環境だと理解しているからかもしれません。

ヘビを利用したヘビ避けの行動

シマリスではSSA（Snake-Scent Application）と呼ばれる、ヘビのにおいを体に塗りつける行動が観察されています。

動かないヘビ（死んでいたり冬眠状態）の皮膚や脱皮殻、排泄物などをかじり、口の中でよく噛んだあとで毛づくろいのようにしながら自分の体に塗りつけるというものです。長い時間をかけて行い、体がひどく濡れた状態になるのだとか。ヘビ独特の物質のにおいに触発されるようで、ヘビにしか行いません。この行動は子どもが巣穴から出るようになる生後1ヶ月くらいには見られるといいます。

毛づくろいはストレスがあるときに起こる転位行動（葛藤状態になったときにまったく関係ない行動をする）でもありますが、ヘビを見ると毛づくろいをしていた個体の遺伝子が突然変異をし、その遺伝子をもつ個体が動かないヘビを見ると毛づくろいする前にヘビをかじるようになり、ヘビのにおいを体につけることでヘビを避けることができるようになって、そういう個体が増えていき、今に至るのでは、と考えられています。

子シマリスに見られる警戒行動

シマリスが警戒しているときに尾を振るモビングがありますが（144ページ参照）、まだ幼いシマリスの子どもたちにも警戒行動があるようです。

母シマリスが巣から離れて子どもたちだけになったときに外部から侵入者があると、子リスたちが仰向けになって体を動かしながら「カタカタカタ……！」という発声をするのだそうです。みんなでいっせいに行うため、あたかも1匹の動物がいるようだとか。それによって外敵の侵入を防いでいると考えられます。

子どもたちが巣から外出するような頃になるとやらなくなるとか。

シマリスのSSA行動

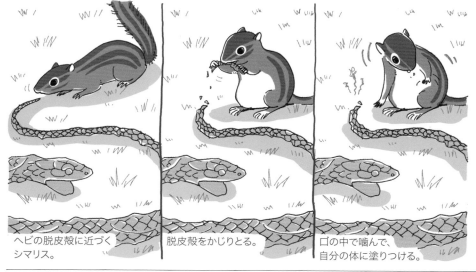

ヘビの脱皮殻に近づくシマリス。

脱皮殻をかじりとる。

口の中で噛んで、自分の体に塗りつける。

シマリスの冬眠

体内で起きている変化

冬眠は、一部の動物がもっている、厳しい冬を乗り切る手段のひとつです。シマリスも冬眠する動物です（冬眠しないシマリスもいます）。冬眠には、年に一度その季節になると冬眠に入るものと、日照時間や温度の変化によって冬眠に入るものがあり、シマリスは前者、ゴールデンハムスターは後者にあたります。シマリスでは、体内時計が年に一度、体を「冬眠モード」に切り替えることで、冬眠が起こるのです。

シマリスの体内で見つかっている「冬眠特異性タンパク質複合体（HP:Hibernation-specific protein）」という物質があります。肝臓で作られ、普段は血中に存在していますが、冬眠が始まると同時に脳内で増加し、血中の濃度は冬眠開始前から減少します。冬眠中は血中の濃度は低いままです。冬眠から目覚める頃にはHPの濃度が脳内で減少、血中で増加します。

このHPが変化するリズムが、冬眠しない個体ではまったく起こりません。冬眠する個体ではずっと寒い環境で飼育していてもこのリズムに従って年に一度、冬眠に入りますし、暖かい環境（23℃）で飼育していれば冬眠はしませんが、体内でのHP変化のリズムは存在しています。

シマリスでの冬眠の研究によれば、周期的に冬眠している個体が長生きしていたということです。

159ページで説明しているように、ペットのシマリスのなかにはこのリズムに従うかのように秋冬に気が荒くなるものがいます。

シマリスの冬眠行動

野生のシマリスは秋になると冬眠準備を始めます。ここではおもにエゾシマリスの観察記録から見てみましょう。

まず行うのは冬眠用の巣を決めることです。冬眠巣を決めるのは大人のオスが最も早く、次いで大人のメス、子ども（その年の春生まれ）のメス、子どものオスとなっています。冬眠巣には巣材（主に枯れ葉）と食料が運び込まれます。食料はミズナラのドングリを中心に平均1,192g（408〜2,561g）も運び込み、巣に一日37回、150個のドングリを運

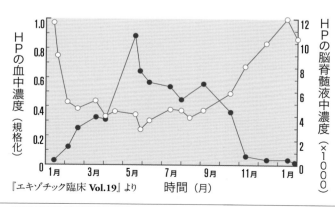

『エキゾチック臨床 **Vol.19**』より　　時間（月）

HPの血中と脳内での年間の変化

●：HPの血中濃度
○：HPの脳脊髄液中濃度
シマリスのHPの血中濃度は冬眠中に下がるが、脳脊髄液中濃度は上がる。4〜5月にHPの血中濃度が上昇し、冬眠から覚める。

んだ個体もいるといいます。冬眠が近づくと巣内貯蔵は減り（十分に貯蔵できたからと考えられている）、分散貯蔵をするようです（春のためと思われる）。

冬眠にあたってたくさん食べて脂肪を蓄積し、それを冬眠中のエネルギー源とする動物もいますが、シマリスはそうではなく、集めた食べ物を食べてエネルギーとするので、貯食は非常に重要です。

地下に掘られたトンネルを内側からふさいで冬眠が開始される時期は（平均日時）、大人のメス（10月10日）、大人のオス（10月22日）の順番です。オスは、翌春の繁殖シーズンに備えメスがどこで冬眠するかを確認してから冬眠に入るのではと考えられています。それに遅れて子どもがメス（10月26日）、オス（11月3日）の順番で冬眠に入ります。

冬眠に入ったばかりの頃（冬眠1期）にはまだ体温は低下していませんが、冬眠2期に入るとシマリスは体温を5度、心拍数を1分あたり10回以下、呼吸数を1分あたり1〜5回にまで下げて眠ります。3〜7日に一度、目を覚まし、排泄をし、食事をしてまた眠り

ます。巣室の中に排泄物はなく、トンネルに排泄場所を決めて排泄しているようです。冬眠期間中でも目覚めているときには通常の体温に戻っています。

冬眠している期間は（平均）、大人のオスが180日、メスが211日、子どものオスが168日、メスが194日です。冬眠明けはオスが先で、平均するとオスは4月19日、メスは5月9日に冬眠から目覚めます。

❋冬眠巣の形の変化

冬眠巣は時期によって3段階（準備期、1期、2期）で形が変わることが観察されています。

❶準備期：シンプルなもので、1本のメイントンネル（平均180cm）と、つきあたりに巣室（奥行き26cm、高さ20cmほど）があります。巣材やドングリなどの食べ物を貯蔵します。巣室は比較的乾燥した地層に作られるようです。

❷1期：冬眠に入ります。トンネルの一部が土でふさがれます。地上での活動が終了となります。巣室の高さの2/3ほ

シマリスの冬眠巣

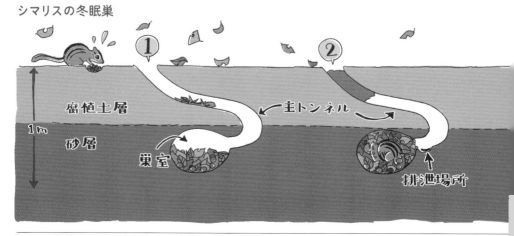

腐植土層　砂層　1m　主トンネル　巣室　排泄場所

どはドングリが貯められ、その上に巣材が詰まっていて、その中でシマリスは眠っているようです。

❸2期：より寒い時期になるとトンネルの構造が変わります。1期にふさいだ出入り口をいったん開け、巣室より下に掘られたサブトンネル（深さ1.5mあることも）の土を地上に出し、メイントンネルをふさぎます。

❹春になると冬眠から覚め、メイントンネルのほかにトンネルを新たに掘って地上に出てきます。

冬眠中の巣室には天敵も侵入してきませんし、冷たい外気は入ってきません。地下にトンネルを掘って暮らすオグロプレーリードッグに関するデータではありますが（北米中西部のグレートプレーンズ）、地下巣は地上よりも温度が安定していて、冬に地上がマイナス3.6～6.7℃のときでも地下では5.6～8.9℃というデータもあります。

寒冷地に生息するシマリスにとって、冬眠は厳しい自然界で生き残るための有効な戦略なのでしょう。活動期間の死亡率は48～58％なのに対し、冬眠中に死亡するのは5％ほどだといいます。

冬眠するリスたち

日本にいる野生のリスのうち、冬眠するのはエゾシマリスだけです。同じ北海道のエゾリスは、活動時間は短くなるものの冬眠はしません。密度の高い冬毛と耳の房毛で体を暖かく守り、秋のうちに分散貯蔵したクルミなどを食べて暮らします。

シマリス属ではシベリアシマリス、キマツシマリス、トウブシマリスなど10～11種が冬眠すると報告されています。リス科のなかでは、ジリス属、マーモット属、プレーリードッグ属に冬眠するものがいます。多くは冬眠前に脂肪を蓄積して冬を乗り切るタイプです。

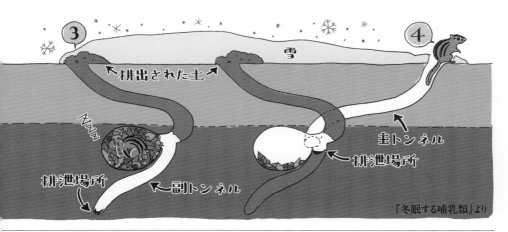

排出された土

主トンネル

排泄場所

排泄場所

副トンネル

『冬眠する哺乳類』より

もっと知りたい、今のニホンリスのこと

　ニホンリスは、日本にはるか昔から生息しているリスですが、普段からニホンリスをよく見るという方はあまりいないでしょう。リスといえばシマリスのほうが身近だという方も多いかもしれません。ニホンリスは地域によっては生息数が激減しています。ニホンリスの今について、リス類の行動生態学研究を行っている田村典子先生(森林総合研究所)にお聞きしました。

―ニホンリスの生息状況について教えてください。九州では絶滅したといわれていますが……

　九州では見られなくなっています。ただ、「絶滅した」「もともといなかった」というふたつの説があり、前者を支持する研究者が多いですが、結論はまだ出ていません。四国にはいますが、少ないですね。中国地方の西部では地域的に絶滅しています。関東地方では東京西部(高尾山近辺)

で定期的に調査していますが、過去に大きく減少してからはあまり変わりません。東北地方には驚くほど多く生息しています。寒冷で、ニホンリスが好むクルミやマツが多いなど、本来の生息環境に近いのだと思います。個体数が多いので、ほかの地域で問題になるような森林の分断の影響もあまりないようです。

―田村先生が研究フィールドにしている高尾山近辺での減少にはどういった理由があったのでしょうか。

　このあたりは、かつては一体が森林として連続していましたが、道路建設や宅地開発などで森林が分断されてしまいました。1996年の調査では12箇所の森林には生息していたのですが、10年ほどでかなり激減し、回復することなくほぼ横ばい状態で、2016年にはニホンリスが生息するのは3箇所のみでした。

　直近では2021年に調査し、生息状況に大きな変化はありません。

夏毛のニホンリス。四肢の付け根の被毛が鮮やかなオレンジ色になっています。(撮影：今井啓二)

ニホンリスは大きな行動圏を必要とするのですが、森林が分断されると面積が小さくなるうえ、必ずしも彼らが好む植生とも限りません。ほかの森林に移ろうとして道路で車にひかれることもよくあります。環境がよければ、死亡する個体数以上に増加するので問題ないのですが、もともと少ないとそうはいきません。

1990〜2000年頃にはマツ枯れ（マツノザイセンチュウという線虫による）が起こりました。マツはニホンリスにとって食料としても巣を作る場所としても重要です。マツは薪炭林といって燃料をとるための人工林が多いので、マツが枯れれば樹木が残りません。

最近では全国的にナラ枯れ（カシノナガキクイムシという昆虫による）が起きていて、コナラ、ミズナラなどのドングリのなる木が大量に枯れています。ニホンリスはスダジイなどタンニンの少ないもの以外はドングリを食べませんが、植生が変わり、森林の質が変化すれば、局所的絶滅も心配になります。

──クリハラリスの存在は、ニホンリスの生息数に影響していますか。

現状では直接的な影響はまだ明らかになっていませんが、クリハラリスのほうが、食性が幅広いので、東北地方以外だとクリハラリスのほうが優勢になることもありえるとは思っています。

心配されるのは感染症です。万が一、クリハラリスがもっているなにかの感染症がニホンリスに感染して発症するようなことがあれば、より深刻な事態になる可能性もあります。クリハラリスからニホンリスに、ニホンリスからニホンリスに伝播すれば、東北地方も含めて全域に広がることは考えられます。日本ではまだ感染症の問題は報告されていませんが、海外ではそうした事例も起きています。

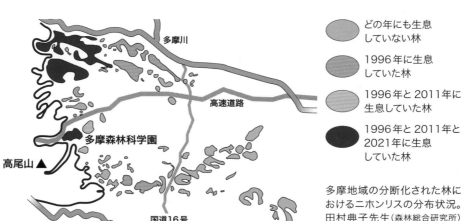

多摩川
高速道路
多摩森林科学園
高尾山 ▲
相模川
国道16号

どの年にも生息していない林
1996年に生息していた林
1996年と2011年に生息していた林
1996年と2011年と2021年に生息していた林

多摩地域の分断化された林におけるニホンリスの分布状況。田村典子先生（森林総合研究所）の情報より作成。

——シマリスを飼っている方たちはリス全般が好きという方も多いです。全国的には減少傾向にあるニホンリスのためにできることはあるでしょうか。

　シマリスを飼っている皆さんには、逃さないようにとお願いしたいですね。ニホンリスとの競合はあまりないですが、感染症についての心配はあります。それにシマリスはニホンリスと違って樹木のない草原や岩山のような環境や、ハイマツ帯といわれる高山帯でも暮らしていけます。もしそうなれば日本の生態系には大きな影響が起きてしまいます。

　なにより日本に暮らすリスについての正しい知識をもっていただきたいと思っています。知ればきっと好きになりますし、好きになれば、そのためにやるべきこと、やってはいけないことを考えるようになると思います。住んでいるところの近くにはどんな種類のリスが生息しているのか考えてみてください。東京でも、高尾山くらいまで足を伸ばせばニホンリスを見ることができますし、九州でもム

ササビなら生息しています。知って、見て、日本のリスが置かれている状況を考えるきっかけになればいいなと思っています。

ニホンリス

【英名】　Japanese Squirrel
【学名】　*Sciurus lis*
【分類】　リス科リス属

　日本固有種。頭胴長16〜22cm、体重250〜310g。被毛は赤〜灰褐色で、腹部は白。四肢の付け根などが鮮やかなオレンジ色となる。冬には淡い灰褐色で耳には房毛がみられる。行動圏は生息環境により（餌となるクルミなどが密に生えていると狭く、環境がよくないと広くなる）、メス5〜10ha、オス20〜30ha。巣は、樹上に枝などで球形の巣を作るか樹洞を利用する。冬眠はしない。食性はオニグルミ、松の実のほかに樹木の新芽や花など。昆虫を食べることもある。渋みのないドングリは食べる。クルミなどを分散貯蔵する。繁殖シーズンは春。学名の「lis」は日本語の「リス」が由来。

【プロフィール】
田村典子(たむら・のりこ)先生

1989年東京都立大学博士学位取得。森林総合研究所多摩森林科学園でリス類の行動や生態に関する研究を行っている。著書は「リスの生態学」「日本の哺乳類学1 小型哺乳類（分担）」「日本の外来哺乳類（分担）」。

冬毛のニホンリス。被毛は淡い灰褐色に、腹部は白色。耳の房毛が特徴的です。雪上でもたくましく活動します。(撮影：今井啓二)

日本のリス科動物たち

日本には、ニホンリスなど全部で6種のリス科動物が暮らしています。日本にだけ生息する日本固有種もいて、日本の豊かな生物多様性の一部となっています。自然観察の機会があれば日本のリスたちを探してみるのも楽しいですね。

エゾリス

【英名】　Eurasian Red Squirrel、
　　　　　Hokkaido Squirrel
【学名】　*Sciurus vulgaris orientis*
【分類】　リス科リス亜科リス族リス属

　キタリスの亜種。北海道に生息。頭胴長22〜23cm、尾長17〜20cm、体重300〜470g。被毛は焦げ茶色で腹部は白。冬毛は茶灰色で夏毛より長く、耳には房毛がみられる。森林のほか公園などでも見かける。小枝などで作った球形の巣を木の股に作るほか樹洞も利用する。樹木の種子を中心に木の芽などを食べる。冬眠はしない。

エゾシマリス

【英名】　Siberian Chipmunk
【学名】　*Tamias sibiricus lineatus*

【分類】　リス科ジリス亜科マーモット族
　　　　　シマリス属

　シマリス（シベリアシマリス）の亜種。北海道に生息。頭胴長12〜15cm、尾長11〜12cm、体重71〜116g。背部に5本の黒い縞をもつ。頬袋をもつ。地上と樹上で行動し、冬眠や子育ては地下の巣穴で行うほか、樹洞も利用する。種子や花、芽などのほか昆虫なども食べる。冬眠に備えて大量のドングリ類を巣内貯蔵するほか、分散も行う。

エゾモモンガ

【英名】　Russian flying squirrel
【学名】　*Pteromys volans orii*
【分類】　リス科リス亜科モモンガ族
　　　　　モモンガ属

　タイリクモモンガの亜種。北海道に生息。頭胴長15〜16cm、尾長10〜12cm、体

エゾリス（写真提供：札幌市円山動物園）

エゾシマリス

重100〜120g。背部は淡い茶褐色で腹部は白。冬には淡い灰褐色になる。山地に暮らし、飛膜を使って滑空して移動する。市街地にも生息。夜行性。樹洞のほか鳥用にかけた巣箱もよく使う。植物食で若葉や種子などを食べる。冬眠はしない。

ムササビ

【英名】 Japanese Giant Flying Squirrel
【学名】 *Petaurista leucogenys*
【分類】 リス科リス亜科モモンガ族
　　　　ムササビ属

　ホオジロムササビともいう。日本固有種。北海道と沖縄を除く全国に分布。頭胴長27〜48cm、尾長28〜41cm、体重700〜1300g。背部は茶褐色で腹部はクリーム色〜白。森林のほか社寺林にも見られ

る。飛膜を使って滑空して移動する。夜行性。樹洞を巣として使う。ほぼ完全な植物食で、樹木の芽や葉、種子などを食べる。

ニホンモモンガ

【英名】 Small Japanese Flying Squirrel
【学名】 *Pteromys momonga*
【分類】 リス科リス亜科モモンガ族
　　　　モモンガ属

　ホンドモモンガとも呼ばれる。日本固有種。本州、中国、四国に生息。頭胴長14〜20cm、尾長10〜14cm、体重150〜200g。背部は茶褐色で腹部は白。冬には灰褐色になる。山地に暮らし、飛膜を使って滑空して移動する。夜行性。木の葉や種子などを食べる。地域によっては絶滅危惧種や準絶滅危惧種となっている。

エゾモモンガ（写真提供：札幌市円山動物園）

ムササビ（写真提供：長野市茶臼山動物園）

シマリスを迎えるにあたって

飼育にあたっての心がまえ

シマリスの魅力

表情もしぐさもすべてがかわいい

　愛らしい表情で私たちを幸せな気持ちにさせてくれるシマリス。すばしこくシャープな動きを見せるかと思えば、頬袋いっぱいに食べ物を詰め込んだ、食いしん坊のとぼけた表情を見せてくれることもあります。

　器用な前足で小さな穀物を持って、上手に殻をむいて食べたり、鼻先から長いしっぽまでをていねいに毛づくろいをしたり、いろいろなしぐさは飽きることなく見ていられます。

　野生的な面を多くもっていながらも、個体によってはとてもよく慣れてくれ、人の手とプロレスごっこをするのが好きだったり、手のひらの上でぐっすり眠ってしまったり、人とのコミュニケーションを楽しみ、信頼関係を作れる場合も少なくありません。

　シマリスは、私たちの暮らしに彩りを与えてくれる、すてきなパートナーとなりうる動物です。

　ただし、必ずしも「誰にでも飼いやすいペット」ではないということも、理解しておく必要があります。

覚悟も必要なシマリス飼育

野生的だという覚悟

　さまざまな興味深い習性や高い運動能力など、野性味にあふれているのもシマリスの魅力のひとつです。しかしそれが飼育上の

Enquête

シマリスアンケート 1 シマリス飼育で魅力を感じるところ

飼い主さん27人にお聞きしました（複数回答・人）

外見がかわいいところ	11
仕草がかわいいところ	15
野生的なところ	4
ふれあえるところ	2
運動能力がすごいところ	4
存在に癒やされるところ	16
気持ちが通じあえるところ	4
生きる活力をくれるところ	7
存在感が大きいところ	5
習性や生態が興味深いところ	8
気まぐれなところ	5
見飽きないところ	8
世話をする楽しさを教えてくれたところ	6
その他	3

飼育の難しさとともに世話の楽しさを知りました。小さな身体なのに存在感の大きさも（笑）（こしまさん）／迎える前は可愛さがメインでしたが、お迎え後は野生的な部分にどんどん惹かれていきました（Bikke the chipさん）／いろいろな動物と暮らしましたが、一番ギャップがあり、一番親しい存在です（masatoさん）／季節特有の行動があり、1年の中で生態の変化を感じられる魅力的な動物です（シマリストきむらさん）／個性があって、手がかかる男の子もそこが可愛いです（くっきーママさん）／身体能力の高さと物覚えの良さが魅力的でした（まひろさん）

困りごとになる場合もあるのです。

大きな困りごとのひとつは、秋冬になると攻撃的になるという点でしょう。すべてのシマリスがそうではありませんが、「慣れていたはずなのに急に噛みついてくるようになった」というケースがよく見られます（159ページ参照）。飼育放棄や遺棄、シマリスと飼い主双方がケガすることなどを避けなくてはなりません。

また、とてもすばしこく、警戒心が強いので、慣れていないとハンドリングが難しい場合もよくあります。

飼育管理は毎日続く覚悟

飼い主の世話があってこそ、ペットのシマリスは生きていくことができます。シマリスを迎えたら、毎日の世話が欠かせません。通常の飼育管理は、それほど時間のかかるものではありませんが、忙しいときでも疲れているときでも、必ず、毎日行う必要があります。

シマリスが高齢になったり、病気などで介護が必要になれば、毎日の世話にかける時間が長くなることもあるかもしれません。

10年くらい長生きしてくれるシマリスもいます。「シマリスを迎えたい！」と決意するその先には、365日×10年分の世話が待っているということも心しておきましょう。

個体差が大きいという覚悟

SNSなどのメディアで、とても慣れているシマリスのほほえましい様子をよく目にすると思います。しかしすべてのシマリスが人に慣れるわけではありません。人に個人差があるように、シマリスにも個体差があり、同じように接していたとしても慣れ方の違いはあるでしょう。適切な接し方をしているのに思うように慣れないとしても、それを「うちの子らしさ」と考える包容力が大切です。

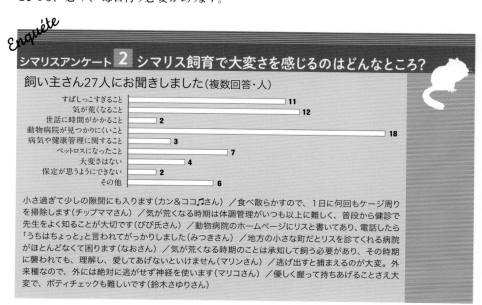

Enquéte

シマリスアンケート 2 シマリス飼育で大変さを感じるのはどんなところ？

飼い主さん27人にお聞きしました（複数回答・人）

すばしっこすぎること	11
気が荒くなること	12
世話に時間がかかること	2
動物病院が見つかりにくいこと	18
病気や健康管理に関すること	3
ペットロスになったこと	7
大変さはない	4
保定が思うようにできない	2
その他	6

小さ過ぎて少しの隙間にも入ります（カン＆ココ♫さん）／食べ散らかすので、1日に何回もケージ周りを掃除します（チップママさん）／気が荒くなる時期は体調管理がいつも以上に難しく、普段から健診で先生をよく知ることが大切です（ぴぴ氏さん）／動物病院のホームページにリスと書いてあり、電話したら「うちはちょっと」と言われてがっかりしました（みつきさん）／地方の小さな町だとリスを診てくれる病院がほとんどなくて困ります（なおさん）／気が荒くなる時期のことは承知して飼う必要があり、その時期に襲われても、理解し、愛してあげないといけません（マリンさん）／逃げ出すと捕まえるのが大変。外来種なので、外には絶対に逃がせず神経を使います（マリコさん）／優しく握って持ちあげることさえ大変で、ボディチェックも難しいです（鈴木さゆりさん）

飼育にともなう責任を考えよう

終生飼養する責任

　シマリスは小さな体の動物ですが、命ある存在です。飼育下で、その命を守ることができるのは飼い主だけです。シマリスを迎えることにしたら、飼い主として責任をもってください。その責任は、そのシマリスが寿命をまっとうするときまで続きます。シマリスが健康で幸せに暮らしていけるよう考えてあげながら、最後まで飼育をする「終生飼養」は飼い主の義務です。どうしても飼育を続けられない事態になったときは、飼育してくれる人を探すなどし、必ず命のバトンを引き継いでください。

　また、前述のように、季節的に気が荒くなることがあるなど、飼育するのが大変だと思う場面があるかもしれませんが、飼育放棄や遺棄は決してしないでください（違法でもあります。47ページ参照）。

在来種と移入種のシマリスの分布図

琉球列島

● 在来分布　● 移入分布
国立環境研究所 侵入生物データベースより

小笠原列島

外来生物を飼育する責任

　ペットとして飼育されているシマリスはすべてが外来生物（移入種）で、本来、日本の自然界には存在していない動物です。シマリスを飼育するなら、外来生物を飼育する責任ももつ必要があります。屋外に逃がしてしまったり、故意に遺棄したりすることがあってはなりません。在来の（もともと日本にいる）動物と競合するほか、北海道のように在来のエゾシマリスがいる地域では、亜種レベルで異なるエゾシマリスとペットのシマリスが交雑してしまう危険もあります。日本の生態系を壊すようなことがあってはなりません。

　残念ながら、すでに北海道以外の地域でもシマリスが住み着いているところがあります。今現在は、ペットとしてシマリスを飼育することに規制はありませんが、将来、規制がかかる可能性は決して低くはないと考えられます。脱走させないこと、遺棄しないことに加えて、逃げ出す危険のあるような行為（キャリーケースに入れたりせずに屋外に「散歩」に連れ出すなど）は決してしないでください。シマリスと暮らす幸せを、これから先の人々にも残してあげてほしいと思います。

ペットのシマリスの一生は飼い主が守りましょう。

確認しておきたい さまざまなこと

家族の理解を得ていますか?

　家族と同居している場合は、家族にも飼育の理解を得ておきましょう。「自分で世話をするから」と思っていても、どうしても自分で毎日の世話ができないときには、手を借りる必要があるかもしれません。

住まいは「ペット飼育可」ですか?

　住まいが集合住宅なら、管理規約でペット飼育が可能になっていることを確認しましょう。飼育できる動物の種類や頭数が定められている場合もあります。シマリスが該当するか不明なら大家や管理会社に確認を。

夜は早く寝かせてあげられますか?

　シマリスは昼行性なので、夜は寝ているのが本来の姿です。飼育下ではどうしても、夜になってから遊ぶというスタイルになりがちかもしれませんが、遅くまで遊んでいないで、早めに休ませてあげてください。

捕食動物と 出会うことなく飼えますか?

　犬や猫、フェレットなどの捕食動物(肉食動物)を飼っている場合は、シマリスと出会うことのないよう、できるだけ離して飼育してください。接触があると咬傷事故の危険もありますし、ストレスにもなります。

小動物とも離して飼えますか?

　捕食動物でなくても、ふれあわせることは

おすすめできません。シマリスが小さなハムスターを攻撃してケガをさせるなど、思わぬトラブルも起こります。異種の動物は接することのないように飼いましょう。

室内は安全な環境ですか?

　シマリスをケージから出して遊ばせたいと考えているなら、安全な環境が必要です(156ページ参照)。部屋には出さない場合でも、ケージからの脱走、地震などの災害を想定すると、室内の安全対策は欠かせません。

お子さんの監督ができますか?

　すばしこくて噛みつく力も強いシマリスは、小さな子ども向けのペットではありません。子どもが世話を手伝ったり、シマリスと遊んだりするときは、必ず親御さんの監督下で行うようにしてください。

犬や猫など捕食動物からは離して飼育を。

子供がシマリスに接するときは見守ってあげて。

ライフイベントに対応できますか?

シマリスを飼育している数年の間に、進学や就職、転勤、結婚や出産、引っ越しなどのライフイベントがあるかもしれません。生活の変化があったときにもシマリスを飼い続けることができるか考えておきましょう。

エキゾチックペットだと知っていますか?

シマリスはエキゾチックペットと呼ばれる種類の動物です。診てもらえる動物病院が少ない、ペットホテルなどのペットサービスが探しにくいなど、周辺環境が十分ではないといった実態も知っておいてください。

準 備 し て お く も の ・ こ と

シマリスとの暮らしには、どんなものを準備すればいいのか見ておきましょう。繰り返し購入する必要のある消耗品もあります。用品だけではありません。シマリスを飼育するなかで起こるさまざまなできごとについても、頭に入れておいてください。

※詳細は()を参照。

用意しておくもの

〈最初に必要なもの〉

☐ ケージ・飼育用品(Chapter3)

☐ 食べ物(Chapter4)

〈消耗品〉

☐ 床材・巣材・トイレ砂など

☐ 除菌消臭剤など掃除関連

☐ 食べ物

〈時々買い換えを検討するもの〉

※必要に応じて買い換える

☐ 木製品・布製品(かじられて壊れたり、危険なもの)

☐ 給水ボトル(水が出にくくなったり、水漏れがするもの)

☐ ペットヒーター(古くなったりかじられていると危険なもの)

☐ ケージ(飼育当初は小さめのケージで飼育していた場合は大きくする)

用意しておくこと

〈最初にやっておくこと〉

☐ 心がまえをしておく（Chapter2）

☐ アレルギーがないか

☐ 動物病院を探しておく（189ページ）

☐ 室内の安全点検（156ページ）

☐ 防災対策（133ページ）

〈毎日のこと〉

☐ 世話（Chapter5）

☐ 食べ物（Chapter4）

☐ コミュニケーション（Chapter6）

☐ 健康チェック（192ページ）

〈時々のこと〉

☐ 動物病院での健康診断（189ページ）

☐ 季節対策（123ページ）

〈場合によっては必要なこと〉

☐ 通院

☐ 留守番・預ける（130ページ）

☐ 看護・介護（220ページ）

〈そのほかの大切なこと〉

☐ 経済的な準備

　消耗品や食べ物の購入など、日常的な飼育管理にかかる費用はそれほどでもありませんが、夏場はエアコンをずっとつけていて電気代がかさむといったこともあります。高額な出費が予想されるものとしては、治療費があるでしょう。ペット保険（190ページ）を検討するのも一案ですが、ペット貯金をしておくのもいい方法です。経済面での準備も、飼育にまつわる大切な準備です。

☐ 愛情と適正飼養・終生飼養

　シマリスを飼育するには適切な飼育管理方法への理解が必要です。愛情だけでは飼うことができません。ただし、愛情がなければ飼うことはできません。終生に渡って愛情をもって適切に飼う、という決意も大切です。

暮らしを
シミュレーションしておこう

　あらかじめ飼育方法を確認してあっても、実際に飼い始めてみると、「あれ?」と思うこともあるでしょう。慣れやすさは個体差があるので、迎えてみないとわからなかったりしますが、飼育管理に関わる「あれ?」はできるだけ消しておくよう、シマリスを迎える前に、シマリスのいる暮らしをシミュレーションしておくことをおすすめします。確実に飼育することになっているなら、ケージなどは先に準備しておくといいでしょう。

飼育環境のシミュレーション

□ケージの置き場所は?

　　住宅事情によっては、適切な置き場所(70ページ参照)に悩むこともあるでしょう。どこに置けばシマリスが快適に過ごせそう

か、考えておきましょう。エアコンからの風の流れも確認しておいて。

□コンセントの位置は?

　　ペットヒーターを使うなら、ケージとコンセントの位置関係も考えておきましょう。

□飼育用品の置き場所は?

　　床材などの消耗品や食べ物など、毎日使うものは、世話をしやすい場所にまとまっているといいものです。

飼育管理のシミュレーション

□世話の時間をどう確保する?

　　時間的な余裕がどのくらいあるかは人によっても違いますが、けっこう毎日忙しい生活をしているという人は、一日のうちどの時間に世話ができるのか考えておきましょう。朝はこれまでよりも早起きするなど、毎日のスケジュールの見直しが必要になることも。

シマリスのいる暮らしを想像して、準備をしてみましょう。

知っておきたい法律

動物愛護管理法

「動物愛護管理法(動物の愛護及び管理に関する法律)」は1973年に制定され、数回の改正が行われて現在に至ります。動物を命あるものとして、みだりに苦しめたりせず、適切な飼育管理を行うことや、動物愛護の気持ちをもつとともに、動物が人の生命や財産などを侵害することがないようにして、人と動物が共生する社会を目指している法律です。ここでいう「動物」は人の管理下にある動物のことで、野生動物は含まれていません。

飼い主や動物取扱業者(ペットショップなど)の責務を定めているほか、動物虐待を禁じています。動物をみだりに殺したり傷つけた場合には5年以下の懲役か500万円以下の罰金という罰則が科せられます。虐待(暴行や飼育放棄、不適切な飼い方で動物を衰弱させる、病気やケガに適切な対応をとらない、排泄物が堆積していたりほかの動物の死体が放置してあるようなところで飼うなど)を行った場合には1年以下の懲役か100万円以下の罰金が科せられます。

また、動物を遺棄した場合にも、1年以下の懲役か100万円以下の罰金に処せられます。

飼い主が守るべきこと

1. 命ある動物の飼い主として動物を愛護し管理する責任を自覚して、動物の種類や習性に応じた適切な飼い方をし、動物の健康と安全を守り、他人に迷惑をかけないように努めなくてはなりません。

2. 飼っている動物から感染する病気についての知識をもち、予防するよう努めなくてはなりません。

3. その動物が逃げ出さないように必要な防止策をとるよう努めなくてはなりません。

4. その動物が命を終えるまで適切に飼育するよう(終生飼養という)努めなくてはなりません。

5. その動物がみだりに繁殖し、適正飼養できなくなるようなことがないよう努めなくてはなりません。

6. その動物が、自分の飼っているものだということがわかるように努めなくてはなりません。

【注】上記は動物愛護管理法に定められている内容です。5の繁殖制限は、動物によっては避妊去勢手術ですが、シマリスの場合はオスとメスを別々に飼育するのが一般的な繁殖制限でしょう。6は個体識別措置といいます。犬猫ではマイクロチップ装着や首輪ですが、シマリスでは現実的ではありません。「動物が自己の所有に係るものであることを明らかにするための措置について」という告示では、特別な事情がある場合は、個体識別器具の装着や施術は求められていません。

また、環境省告示「家庭動物等の飼養及び保管に関する基準」も守るように努めることも求められています。インターネットで

検索すると読むことができるので、ぜひ一度は目を通してください。一部を紹介すると

❊ 適正飼養、終生飼養に努めること

❊ 動物を飼う前に、その動物の生態、習性、生理について知識をもち、住宅環境や家族構成、動物の寿命なども考えて、飼えるかどうかを慎重に判断すること

❊ 動物の種類や発育状況に応じた適切な給餌、給水をすること

❊ 日常の健康管理に努め、病気やケガをしたときは獣医師の診察を受けること。みだりに放っておくのは虐待のおそれがあると認識すること

❊ 適切な飼育施設を設け、温度管理や衛生状態の維持も適切に行うこと

❊ 適切に飼える頭数を飼うこと。適切な飼育管理ができないほどの頭数を飼うのは虐待のおそれがあると認識すること

❊ 屋外に脱走しないようにし、もし脱走したときは速やかに探して捕獲すること

❊ 災害に備えて、避難先での適切な管理ができる準備をしておくこと。災害時にはできるだけ同行避難をすること。

ペットショップが守るべきこと

ペットショップやブリーダー、ペットホテル、ペットシッターなど、仕事として動物を扱っている業者は、第一種動物取扱業者として自治体に登録をしなくてはなりません。動物愛護管理法や環境省告示「<u>第一種動物取扱業者及び第二種動物取扱業者が取り扱う動物の管理の方法等の基準を定める省令</u>」では、動物取扱業者が守るべきこととして多くの条項が定められています。ここでは、私たちがペットショップで動物を購入する

ときに関係する点について見ておきましょう。

ペットショップやブリーダーが動物を販売するにあたっては、その動物の現在の状態を、そのショップで直接、顧客に見せる「現物確認」と、その動物に関する情報を書面などを用いて対面で説明する「対面説明」が義務となっています。

説明すべき情報は下記のとおりです。顧客は、情報提供を受けたことについて確認の署名をすることになっています。いよいよ動物をわが家に迎える嬉しさもあるかと思いますが、説明はしっかり聞き、十分に納得したうえで署名してください。

販売時に説明すべき項目

品種等の名称

性成熟時の標準体重、標準体長など体の大きさ

平均寿命

適切な飼育施設の構造と規模

適切な食事と水の与え方

適切な運動と休養の方法

主な人と動物の共通感染症と、その動物がかかる可能性の高い病気の種類と予防方法

みだりな繁殖を制限するための方法

遺棄の禁止などその動物に関係する法令の規制内容

性別の判定結果

生年月日や輸入年月日

繁殖者の名称など（輸入の場合は輸入者の名称など）

その個体の病歴

遺伝性疾患の発生状況

その他、適正な飼育管理に必要な事項など

外来生物法

「<u>外来生物法</u>（特定外来生物による生態系等に係る被害の防止に関する法律）」は2004年に制定されました。特定外来生物（動植物）の取り扱いを規制し、特定外来生物の防除などによって、生態系への被害を防ぎ、それによって生物多様性や人の生命・身体を守り、農林水産業の健全な発展を助け、国民生活を安定・向上させることが目的です。

特定外来生物とは、外来生物（海外に起源をもつ動植物）のうち、法律で指定された生物のことです。多くの種が指定されていますが、なかでもアライグマやカミツキガメ、ブラックバス（コクチバス・オオクチバス）はよく知られているでしょう。特定外来生物に指定されると、飼養、栽培、運搬、輸入などをすることができません。

特定外来生物に指定されたリス科

リス科では、ハイガシラリス属のクリハラリス（タイワンリス）、フィンレイソンリス、モモンガ属のタイリクモモンガ（エゾモモンガを除く）、リス属のトウブハイイロリス、キタリス（エゾリスを除く）が特定外来生物に指定されています。

いずれも、かつてはペットとして飼育されていました。在来種との競合のおそれや、在来種との交雑などによる生態系への悪影響、農作物への被害などを防ぐために特定外来生物に指定されました。

シマリスも注意すべき外来種

シマリスは2021年現在、特定外来生物に指定されていませんので、飼育に関する規制はありません。

ただし、「<u>生態系被害防止外来種リスト</u>（我が国の生態系等に被害を及ぼすおそれのある外来種リスト）」では、「総合的に対策が必要な外来種」のうち「重点対策外来種」にリストアップされています。選定の理由は、生態系被害が大きいからとされています。屋外に逃げたり遺棄されたことがもともとの原因といえるでしょう。ペットとして飼っているシマリスを逃したり捨てたりは決してしないでください。

野生化が問題となっているアライグマ。
© Agnieszka Bacal / Shutterstock.com

リス科の特定外来生物のトウブハイイロリス。
© Stubblefield Photography / Shutterstock.com

感染症法と動物の輸入届出制度

「感染症法（感染症の予防及び感染症の患者に対する医療に関する法律）」は1998年に制定された法律です。感染症の予防やまん延の防止を図り、公衆衛生の向上と増進を目的としています。人の感染症に対するさまざまな規定が定められています。

感染症には、動物から感染するものも少なくありません。海外から輸入される動物からの感染を防ぐために、感染症法に基づいた「動物の輸入届出制度」があります。シマリスを含むげっ歯目も対象となっています。輸入するためには、衛生証明書などが必要です。輸出時に狂犬病の症状がないこと、過去1年間にペスト、狂犬病、サル痘、腎症候性出血熱、ハンタウイルス肺症候群、野兎病、レプトスピラ症が発生していない施設で出生以来保管されていることが衛生証明書で証明されていること、厚生労働省が定める基準に適合する施設として輸出国政府が指定した施設であること、といっ

たことを証明しなくてはなりません。

こうした厳しい基準があるため、シマリスに限らずげっ歯目の輸入頭数は少なくなりました。

また、リスの仲間のなかではオグロプレーリードッグが、ペストのリスクがあることから、感染症法の「指定動物」として輸入禁止となっています。

動物の輸入届出制度に関して、一般の飼い主がなにかの手続きをする必要はありません。海外でシマリスを飼育していて、日本に持ち帰りたいときなどには関わりがありますが、前述の衛生証明書がない限りは、日本への持ち込みはできません。

法律は見直しが行われます

動物愛護管理法はおよそ5年ごとに見直しが行われて改正されます。そのほかの法律も改正されることがあるので、常に最新の法律を確認するようにしてください。

シマリスに関わりのある法律があることを知っておいてください。

どこからどんな子を迎えるか

どこから迎える？

シマリスを迎える場合、犬猫以外の小動物も販売しているペットショップで購入するのが一般的な方法です。シマリスは通常、春のみ販売されているので、迎える予定がある場合は、あらかじめいろいろなショップを見て回って、よさそうなショップを見つけておいたり、春になったらシマリスを扱う予定かどうかを問い合わせておくのもいいでしょう。

よいペットショップのポイント

衛生的なペットショップであることが大切です。店舗内だけでなく、動物が飼われている飼育ケース内も確認しましょう。ショップには動物がたくさんいるので、常に清潔にしていても、多少のにおいはするものですが、個々のケージ内を見て、排泄物がたまっていないか、給水ボトルがひどく汚れていないかなども確かめましょう。

シマリスは、販売時には複数の個体が同居していることが多いため、飼育ケース内が不衛生だと、シマリス間で感染症が広がっているおそれがあります。

ショップのスタッフがシマリスに詳しいと、適切な飼育管理が行われている期待ができますし、個体選びや用品選び、飼育方法のアドバイスを、特に購入時の月齢に応じた飼育管理についてアドバイスしてもらえることも期待できるでしょう。

スタッフが動物に対して優しく接しているかも重要なポイントです。乱暴に接しているよう

だと、シマリスが人のことを怖がるようになっているおそれがあります。

里親募集に応じる

一般の飼い主が、家庭で生まれた子リスの飼い主を募集していたり、なにかの理由で手放すことになった人が新しい飼い主を募集している場合があります。里親募集サイトやSNSなどで見つけることができるかもしれません。有償か無償か、譲り受ける方法など、譲渡の条件を十分に確認しましょう。

家庭で生まれた子リスの場合は、親リスに遺伝性の病気がないか、どんな性質をしているのかなども確かめることができます。しっかり離乳するまで親きょうだいと一緒に育っているとすれば、生育環境としては望ましいものではあります。

大人のシマリスを里親募集している場合には、なぜ手放すことになったのかも確認したほうがいいでしょう。大人からだと慣れるのに時間がかかるのはしかたありませんが、あまり適切に飼育管理されていなかった場合

里親募集
サイト

SNS

シマリスの情報はインターネットでも探せるでしょう。

だと、より慣らすのが大変かもしれません。

なお、毎年繰り返し子リスの里親募集をしているようだと、無償で譲渡しているとしても、第一種動物取扱業者の登録が必要となる場合があるので、地域の動物愛護管理センターに問い合わせてください。

どんな個体を選ぶ?

月齢は?

もっとも望ましいのは、離乳が済んでいる月齢の個体を迎えることです。シマリスの離乳は生後2ヶ月です。ただし、通常、ペットショップで販売されている個体はそれよりも幼いことが多いようです。大人と同じ食事を食べられるようになっている個体を選ぶといいでしょう。家庭に迎えてからミルクで育てなくてはならないような月齢の個体だと、給餌や保温にも気を使わなくてはならないので、大変ではあります（幼い個体の世話については135ページ参照）。

年齢が若いほうが目新しい環境に慣れやすいので、人にも早くに慣れやすい傾向はありますが、大きくなっていても慣らすことができます。生後16週までなら慣れる可能性が高いとする資料もあります。しっかり育って健康な子リスを選ぶことが大切です。

性別は?

シマリスに限らず動物一般で、オスのほうがおっとりしていてメスのほうが神経質で気が強い傾向があるといわれます。ただし性質については個体差が大きく、神経質なオスもいればおだやかなメスもいます。どちらの性別だから慣れやすい、慣れにくい、飼いやすい、飼いにくいということはありません。

ただし、生殖器系疾患にはオスとメスの違いがあるなど、性差は存在します。

何匹?

シマリスは単独生活する動物なので、ひとつのケージ内で飼育できるのは1匹だけです。もし2匹を迎えたいという場合にはふたつのケージが必要です。

まだ0歳のシマリスの女の子です。

5歳のシマリスの男の子です。

動物園のような施設では、ひとつの飼育舎に複数のシマリスが飼われていることもありますが、大きな飼育舎だからできることですし、それでも争いは起こります。家庭で飼うようなサイズのケージで多頭飼育すると、殺し合いになるようなケンカも起こります。家庭では、1ケージに1匹で飼いましょう。

将来繁殖をさせたいと考えているとしても、繁殖シーズンにだけお見合いをさせれば問題ありません。「1匹だとさみしいのでは」という心配も必要ありません。

季節とタイミングは?

子リスが販売されている季節は通常、春です。大人のシマリスが春以外の季節に販売されていることもまれにあります。

春のうちでも、飼い主に時間的余裕があるときが迎えるタイミングです。幼いリスを迎えたときは体調を崩しやすいこともあります。また、迎えてしばらくの間は、積極的に接することはしないことをおすすめしますが(148ページ参照)、ケージ内のレイアウトが危険ではないか、健康状態はどうかなど、様子をよく観察する余裕が必要です。

健康状態は?

健康な個体を選びましょう。「ひとめぼれ」や「目が合った」といった理由で選びたくなることもありますが、シマリスと長く一緒に暮らしたいと思うなら、「健康であること」がもっとも重要な条件です。

ミルクではなく、大人の食事をしっかり食べられるようになっていることや、同じ飼育ケース内にいるほかの個体も健康そうかといったことも大切です。

また、シマリスは昼行性なので、昼間のうちにペットショップに行くことで、活発な様子を観察できるでしょう。

次のページのようなポイントを、ショップのスタッフと一緒にチェックしましょう。許可を得ずに勝手にシマリスにさわるようなことはしないでください。

ペットショップには、購入前にシマリスの様子を見にいき、情報を集めましょう。
昼間のうちに行くのが肝心です。

目 ぱっちり開いているか、力強く輝いているか、涙目だったり目やにが出ていないか

耳 傷や汚れはないか

鼻 鼻水が出ていないか、くしゃみを繰り返していないか

歯 切歯は整っているか

毛並み ぼさぼさしていないか、被毛は密に生えそろっているか

尾 短く切れていないか、被毛は密に生えそろっているか

体格 痩せていないか、しっかりした体格をしているか

お尻周り 下痢などで汚れていないか

行動 食欲があるか、活発か、足を引きずったりしていないか

性質 ケージに近づくと好奇心旺盛に近づいてくるなど、こちらに注意を向けるか

連れ帰るにあたって

購入したシマリスを紙の容器に入れて渡してくれるペットショップもありますが、かじって穴を開けてしまうということもよく起こります。連れ帰り用に、ショップでプラケースを購入するといいでしょう。ショップで使っていた巣材や床材を少しプラケースに入れてもらうと、慣れたにおいに安心するでしょう。

狭めで薄暗いところは落ち着くので、紙の容器ごとプラケースに入れるといいかもしれません。

また、将来的には別の食べ物を与える予定にしている場合でも、いきなり食事内容を変えないほうがいいので、ショップで食べていたものと同じものを購入しておきましょう。

シマリス写真館
Part.oi

飼い主さんからの投稿写真です。
エピソードもお楽しみください!

樹(いつき)くんは、いつも眠るギリギリまでこのように粘ります。写真は、眠気と戦いながら寝袋から顔を出しているところ。(ゆきんこさん)

朝ごはんの途中に「モモちゃん」と、名前を呼んだところ、こんな可愛い表情を見せてくれました。(きなこさん)

シマリスの鼻と口元が大好きで写真を撮っていたのですが、なかなか立派なおひげがたくさん生えていてびっくりしました。たまーに抜けたのが落ちていることも(笑)。昔いた高齢のシマリスは髭が白髪でしたが、むーすけくんはまだまだ若いので、黒々つやつやのお髭です。(なななさん)

美味しいものを食べる時は、嬉しそうな表情をするチップくん。寝る前には、必ずお布団運びをして忙しそうです。(チップママさん)

夜はお腹をマッサージしないと寝ない百々ちゃん。仕事から帰るのが遅い時は、うたた寝しながら待ってくれています。今まで暮らしたどの子よりも甘えん坊、一番ワガママなお姫様です（笑）。（あいボンさん）

トッドくんは手にじゃれて遊ぶことが好きな子だったので、その瞬間を上から撮影。まるで抱っこをねだる子供のような写真が撮れました。（Bikke the chipさん）

クローゼット探検中のあさりちゃん。仕草のひとつひとつが可愛いです。特に、ナイナイペタペタは何回見ても、面白カワイイです。（マリコさん）

すこちゃんは、元気いっぱいの食いしん坊で、運動をするのがとても好きな男の子。普段から回し車を永遠に回し続け、それでも疲れない底知れぬ体力には驚きを隠せません（笑）。（Ricky_バイトくん・すこちゃんさん）

シマリスの
住まいづくり

住まいづくりにあたって

シマリスの適切な環境とは

ペットとして飼われるシマリスにとっては、家庭内、なかでもケージ内が暮らしのすべてです。野生下では、気に入らない環境だったらどこかに移ればいいのですが、飼育下ではそうはいきません。適切な環境づくりをするのは飼い主の大切な役割です。

シマリスの住まいに関しての「適切な環境」とは、生活に必要な用品や食事が過不足なくあること、最低でも適度な運動ができること、健康に生活できる温度や湿度が保てること、ストレスが少なく快適であること、退屈しないで過ごせること、シマリスにとって安全で、飼い主にとって安心であること、飼い主が管理しやすいものであること、などがあるでしょう。

環境エンリッチメントを取り入れよう

シマリスに限らず動物のよりよい環境を考えるときに欠かせないのは「環境エンリッチメント」という考え方です。

動物福祉という立場から、飼育下にある動物が身体的、精神的、社会的にも健康で幸福な暮らしを実現できるよう具体的な方法のことをいいます。動物園動物、畜産動物、実験動物にも取り入れられていて、当然、ペットとして飼育されている動物にも必要な考え方です。

本来は多い、行動レパートリー

動物は本来、さまざまな行動をしながら暮らしているものです。採食行動ひとつとっても、周囲を警戒しながら地上や樹上で探し、その場で食べるか巣に貯蔵するかを考え、また移動します。種子ならひとつひとつ殻をむきながら食べていきます。地中に隠した木の実を探して掘り出したりもします。野生のシマリスには、暇なときはないのだろうと思われます。

野生のシマリスの行動を知って、
飼育の準備をしましょう。

ところが飼育下では、採食行動があっという間に終わってしまいます。ケージの中にはいつでも食べ物が用意されていて、なんの苦労もせずに得ることができます。食べ物を探すという本来身についている能力が発揮できません。苦労がないのはいいことではありますが、行動のレパートリーが極端に少なく、退屈なことが問題になります。

　退屈は異常行動にもつながります。今は環境エンリッチメントを取り入れた動物園が増えましたが、かつては動物園のクマやトラなどが飼育舎の一定の場所を左右にうろうろ反復している姿がしばしば見られたものです。環境エンリッチメントに基づく行動展示などの導入で改善されましたが、あのような異常行動も行動レパートリーの少なさが背景にあったのです。

シマリスの環境エンリッチメント

　シマリスは本来、森林などで暮らしています。シマリスの生活にも森での暮らしのエッセンスを取り入れるといいでしょう。すでに一般的な飼育方法として取り入れられているものも多いですが、なぜそうするのかを理解していれば、応用もきくことと思います。

〈野生下での生態と取り入れ方の一例〉

●樹上では枝から枝へとバランスを取って移動する ▶▶ 止まり木などを飛び移れるように複数設置する

●木に登ったり降りたりする ▶▶ 高さのあるケージで飼育する。ステージなどをつたって上り下りできるようにする

●地下の巣穴にもぐりこむ ▶▶ 巣箱の設置、トンネルやチューブのおもちゃを設置する

●食べ物を探す ▶▶ ケージ内のあちこちに置いたり、おもちゃなどを利用して隠しておいたりする

●地面に穴掘りをする ▶▶ 穴掘り遊びができるようなものを用意してあげる（プランターに土を入れるなど）

●地下と樹洞の巣穴を使う ▶▶ ケージの床上と高い位置などに寝床を複数用意しておき、好きなところを選ばせる

●茂みや下草などの物陰に隠れる ▶▶ シェルターなどの隠れ家を設置する

環境エンリッチメントの注意点

　ただし、用品をたくさん設置しすぎてケージ内が狭くなってしまうことのないようにしましょう。いろいろな行動をするのに危険ではないか、食べ物を分散して与えているときはしっかりと食事がとれているかなどを観察するのは欠かせないことです。

　また、高齢や病気の治療中、妊娠・子育て中など特別な事情があるときは、安全に過ごせる環境かどうかを第一に考え、探さなくても必要な食事がとれるようにするなど、十分に手をかけてあげてください。

用品が多すぎると、かえってケージの中は危険に。

必要な飼育用品

ケージ

家庭でのシマリスの「家」にあたるのがケージです。ケージから室内に放して遊ばせる時間が長いとしても、シマリスが安心できる住まいとして、ケージは必ず用意してください。

一般的なケージ

ケージは、十分なサイズがあり、安全に使え、管理しやすいものを選びましょう。

✱ サイズ

シマリスは小さな動物ですが、運動量は多いですし、生活用品や環境エンリッチメントを考えたグッズの設置を考えても、それなりの大きさのケージが必要です。シマリスの半樹上・半地上という暮らし方から見ると、底

一般的なシマリス飼育のケージ
イージーホーム 60 ハイメッシュ WH（三晃商会）
W620 × D505 × H780mm（キャスター部 50mm 含む）

面積も高さもあったほうがいいでしょう。

海外の資料によると、「少なくとも幅2×奥行き3×高さ4フィート（約61×91×122cm）」、「幅と奥行きが3.5～4.5m、高さ1.2m」、「少なくとも幅と奥行きが80cm、高さ50cm」といった情報があります。

日本の室内で飼育することを考えると、最低限、底面積は50～60cm四方くらい、高さも50～60cmくらいが現実的でしょう。もっと大きければ理想的ですが、置き場所や管理のしやすさも考えて選んでください。たまには全体を洗浄することなどを考えると、移動が困難になるほど大きなものではないほうが無難です。

✱ 材質

シマリスは金網をかじったり、ケージの側面で排尿をしたりします。また、使っているうちに自然に劣化も進みます。塗装していないもの、錆びにくいものがいいでしょう。ステンレス製だとなおよいでしょう。

✱ ピッチサイズ

ケージ側面の金網の、網目の間隔（ピッチサイズ）は1cmほどだと安心でしょう。広すぎれば脱走したり、頭をはさむなどのリスクがあります。

✱ 網の向き

側面の網目が、縦がメインのものと横がメインのもの、メッシュタイプのものがあります。縦がメインのものだと側面の上り下りは若干しにくいかもしれません。

❋ 扉

　ケージの扉は、大小あるものがおすすめです。大きな扉は、掃除をしっかりするときや用品の出し入れに便利です。小さな扉はシマリスの出入りを管理するときや、シマリスを出さずにケージ内の管理（簡単な掃除、トイレ交換、食事交換など）をするときに便利です。シマリスを慣らす過程で好物を与えるときにも、小さな扉が活用できます。

❋ 底のトレイ

　ケージは一般に、底のトレイ、上部の金網で囲われた部分、トレイと金網の間の底網で構成されています。トレイが引き出し式になっていると、掃除するさいに便利です。シマリスは金網につかまって排泄することがあり、尿が金網をつたって垂れるので、隙間の掃除がしやすいものを選ぶといいでしょう。

❋ シマリス用以外のケージ

　底面積も高さもあるものとしては、チンチラ用やフェレット用、インコ・オウム用などのケージを使うこともできます。ただしピッチのサイズが広すぎたり、大きな扉しかないものもあるので、使い勝手をよく考えて選ぶといいでしょう。

　シマリスと同じくらいの体の大きさで樹上性のフクロモモンガなどでは、アクリル製のケージが使われています。保温性が高いのはメリットですが、通気性が悪く、こまめに排泄物の掃除をしないとアンモニア濃度が濃くなりがちです。シマリスは穴掘り行動をするため、ケージ内側に傷がつきやすいという欠点もあります。

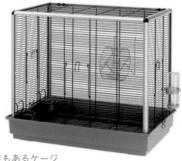

底面積も高さもあるケージ
リス用ケージ スコイアットリーKD（ファンタジーワールド／ファープラスト）
W800 × D500 × H765 mm

鳥用のケージ
465インコ（HOEI）
W465 × D465 × H565mm

背の高いケージ
35快適ロングハウス（HOEI）
W370 × D 415 × H940mm

ごく幼い子リス：まだミルクを飲ませなくてはならないような幼いシマリスを飼育する場合は、保温性の高いプラケースで飼育します（135ページ参照）。

離乳が済んでいる子リス：ペットショップで購入するシマリスは通常、離乳が済んでいて、活発です。プラケースでの飼育では狭すぎますが、大人用のケージだと広すぎるかもしれません。保温器具を効果的に使いにくかったり、運動能力が発達中なのに高いところに上ると危なかったりと、心配な面もあります。迎えてしばらくの間は（体つきがしっかりしてくるまで）、小さめのケージで飼育するのもひとつの方法です。

足腰が弱ってきたシマリス：高齢になったり、病気などによって足腰が衰えてきたときは、ケージだと危ない場合もあるので、大型のプラケース（モルモットやハムスターなどの飼育用）を使うと安全です。

シマリスには「一人暮らし」を

ひとつのケージでは1匹だけを飼育してください（子育て中などは除きます）。野生のシマリスは単独生活をしています。複数のシマリスが同じケージにいると激しいケンカになることがあります。

リス園のような場所では何匹もがひとつの飼育舎で飼われていたりしますが、広い飼育舎だからです。それでもケンカは起こります。家庭では単独飼育が原則です。

だいぶ幼い子リス用のケージ
ルーミィ60 ベーシック（三晃商会）
W 620 ×D 450 ×H 315mm

子リス用のケージ
イージーホーム 40-BK（三晃商会）
W435 × D500 × H460mm

足腰が弱って金網ケージでは危ない場合に
デュナマルティ（ファンタジーワールド／ファープラスト）
W 710 ×D 460 ×H 315 mm

飼育グッズ

床敷

ケージの底に敷きます。尿を吸収する、足の裏を保護するなどの目的があります。

ケージの床部分には、ケージ付属の金網（底網、フン切り網とも呼ばれます）が付いています。この網を付けたままで使用する方法と、網を外す方法があります。

網を付けたままにする場合は、網の下にトイレ砂、ペットシーツ、新聞紙などを敷きます。トレイが引き出し式のケージだと排泄物などの掃除がしやすいでしょう。

シマリスはケージ内でよく動き回り、高い位置から飛び降りたりもします。そうしたときに底の網に足を引っかけたり、足に負担がかかるという心配もあります。

ケージの底網は取り外して飼う方法もあります。その場合は、床敷としてウッドチップ（おがくず）やペーパーチップ、ちぎった新聞紙などを厚めに敷き詰めます。ウッドチップ

は広葉樹を原料にしたものがよいでしょう。針葉樹を原料にしたものは通常、熱処理したものが市販されているので問題ありませんが、処理されていないものだと揮発性のフェノールという成分による呼吸器や肝臓、腎臓への悪影響のおそれがあります。広葉樹、針葉樹どちらの場合も、ウッドチップの細かいほこりが目や鼻に入ることがないよう、ほこりっぽいものは選ばないようにしてください。

床敷を厚めに敷くと、シマリスの穴掘り行動や貯食行動を促すことができます。ただし、食器に床敷が入ったり、給水ボトルの設置位置が低いと飲み口に床敷が付いて水漏れするといった注意点もあります。

巣材

巣箱の中で使う「おふとん」に該当します。野生下では、巣穴に乾いた枯れ葉などを運び込んで巣材にしています。そのときにシマリスが行っている「枯れ葉を口にくわえて運ぶ」という行動がしやすいものがいいでしょう。新聞紙やわら半紙、更紙を短冊状にちぎったもの、チモシー3番刈りや柔らかい牧

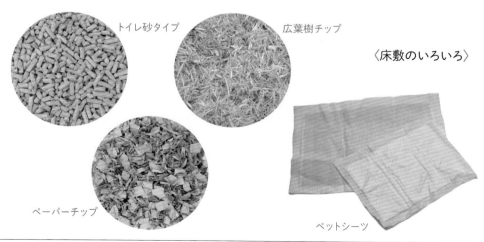

トイレ砂タイプ

広葉樹チップ

〈床敷のいろいろ〉

ペーパーチップ

ペットシーツ

草（オーチャードグラス、バミューダグラスなど）をケージの底に置いておくと、シマリスが自分で巣箱に運び込みます。最初は巣箱に少し入れておいてあげるといいでしょう。

紙を使う場合は、2cm程度の幅があるほうがいいかと思われます。シュレッダーでごく細くしたものは、特に子リスや動きが鈍くなっている高齢のリスなどでは足にからまりやすく危ないかもしれません。

新聞紙のインクは、多くは植物性インクを使っており、従来のインクよりは安全といわれます。新聞紙はシマリス飼育に多く使われていますが、特に問題は起きていないよう

です。心配な場合はわら半紙や更紙を使うといいでしょう。

牧草は1本の葉が長いものが多いので、短めにカットしたうえでよくほぐしてあげると使いやすいでしょう。

ほかにはキッチンペーパーを使うこともできますが、不織布（フェルト）タイプではなく、ちぎりやすく爪が引っかかりにくい紙タイプがいいでしょう。

湿ると溶けやすいトイレットペーパー、指先などにからんで危険な綿などは使わないでください。

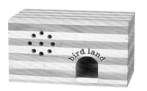
横型の鳥用巣箱

縦型の鳥用巣箱

チモシー3番刈り

キッチンペーパー

縦型の
小動物用巣箱

巣箱

　巣箱は睡眠時や休息時に使うほか、隠れ家にしたり、食べ物を隠したりします。出産・子育ての場所、冬眠場所にもなります。

　シマリス用のほか、フクロモモンガ用、デグー用、またはハムスター用で大きいもの、小鳥用などがあります。

　野生下での巣室の大きさは平均幅23cmほど、奥行き25cmほど、高さ20cmほどという研究があります。巣材や食べ物を運び込むのでシマリスの体格のわりには大きめです。飼育下では、15×20×15cmがよいとする資料があります。シマリスが内部で自由に体勢を変えられ、巣材や食べ物をある程度貯蔵する余裕があるサイズがいいでしょう。

　野生下では地下と樹洞に巣をもつので、ケージの上下にひとつずつ置くのがおすすめです。ひとつだけ置くとしたら床置きタイプにします。

　木製品はかじられてボロボロになってしまうこともあります。適当な時期に新しいものと交換するといいでしょう。

　布製のハンモックや寝袋なども使われています。手作りもでき、オリジナルが作れる楽しみもあります。ただし布製品だとかじった布片や糸くずを飲み込んでしまったり、爪を引っかけるといったリスクもあります。使っている様子をよく観察し、少しでも危ないと感じたら使わないでください。

ヤシの実を利用した巣箱

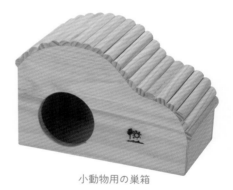

小動物用の巣箱

鳥用のツボ巣

木製シェルター

食器

床に置くタイプや金網に取り付けるタイプがあります。

床に置くタイプは、シマリスが動かしたり倒したりしないよう、ある程度重みがあって安定したものを選びましょう。陶器製やステンレス製などがおすすめです。小動物用に限らず、人用の食器などから選ぶこともできます。プラスチック製は傷がつきやすく、雑菌が繁殖しやすいので、使うのであればこまめに交換してください。

食器は複数用意し、食事のたびに清潔なものを使えるようにしておきましょう。

高い位置のステージに食器を置く場合、下に落とすのを避けるため、金網に取り付けるタイプだと安心です。

ケージの底網を外して床敷を敷き詰めているときは、低めの位置にステージを取り付けて、そこに食器を置くと、床敷が食器に入るのをある程度は防げるでしょう。

ペレットなどの乾燥した食べ物と、野菜や果物などの水分の多いものとは別の食器を使ってください。

給水ボトル

飲み水は、給水ボトルを使って与えることをおすすめします。水に排泄物や食べかす、巣材などが入ることなく衛生的な水を与えられます。飲みやすい位置に設置します。

給水ボトルの使い方を覚えてくれない場合や、高齢などになって給水ボトルからだと飲みにくくなった場合は、ある程度深さがあり、重みのあるお皿で与えるといいでしょう。排泄物や食べかす、巣材などが入って汚れやすいのでこまめに交換を。

陶器製の置く食器
（コーナー用）

ステージ状の食器

金網に取り付ける食器

置き型の給水ボトル

給水ボトル

プラスチック製
キャリー

プラスチック製
ケース

トイレ・トイレ砂

シマリスは比較的、決まった場所で排泄する個体が多いです（発情期などは乱れることもあります）。小動物用のトイレ容器や、陶器製の重みのある容器をケージの隅に設置します。

トイレ容器には小動物用のトイレ砂を入れます。トイレ砂は、濡れても固まらないタイプを使ってください。

トイレ容器で排泄しないようなら、容器を使わなくても、汚れた床敷の掃除をするようにすればいいでしょう。

キャリーケース

動物病院に連れていくときや、ケージ掃除をするときの一時的な移動場所として使用します。

プラケースが手頃ですが、ハムスター用の小型ケージも使うことができます。出し入れのしやすさを考えて選びましょう。出入り口が大きくしか開かないものだと、出し入れするときに逃げ出すおそれがあります。出入り口がスライドするタイプのほうが、少しずつ開けられるので使い勝手がいいでしょう。

布製の小動物用キャリーバッグもありますが、かじるリスクがあるのでおすすめできません。

体重計

体重測定は健康管理に欠かせません。子リスが順調に育っているかどうか確かめるためにも大切です。

0.5〜1g単位で量れるキッチンスケール（クッキングスケール）が便利です。

フード付きトイレ（四角）

フード付きトイレ（三角）

トイレに利用できる小鳥用水浴び容器

トイレ砂（紙製）

トイレ砂（ゼオライト）

デジタル式のフードスケール

コーナーステージ
（面積のあるもの）

コーナーステージ
（階段状に使うもの）

爬虫類用のシェルター

金網のロフト

ボール状のおもちゃ

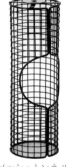

メッシュトンネル

い草の吊り下げトンネル

おやつを隠したり、ほりほり、
ひっぱるができるおもちゃ

かじり木

木製ハンモック

キューブ型のかじり木

フード探しのできるおもちゃ

木製（シダ）トンネル

基本のケージレイアウト

シマリスのケージレイアウトのポイントは「暮らしに必要なものが適切にそろっていること」「シマリスの安全・飼い主の安心」「さまざまな行動ができること」です。

半樹上・半地上性という暮らし方の動物なので、ケージの床の上にも、高い位置にも生活空間があると考えてレイアウトします。いろいろなものを設置しすぎて過密にならないようにしましょう。

シマリスが暮らし始めたら様子をよく観察し、危ない場所はないか、活動しやすそうかなどをチェックしましょう。

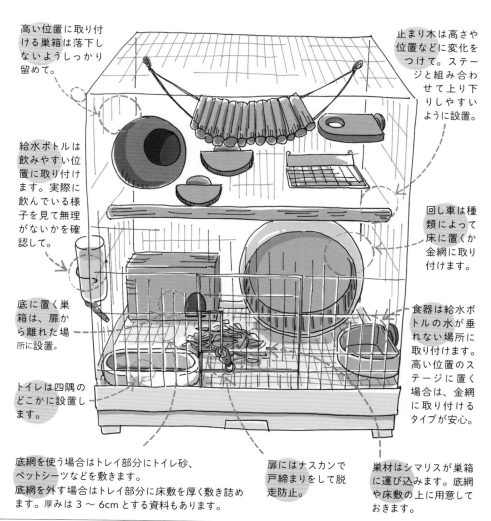

高い位置に取り付ける巣箱は落下しないようしっかり留めて。

給水ボトルは飲みやすい位置に取り付けます。実際に飲んでいる様子を見て無理がないかを確認して。

底に置く巣箱は、扉から離れた場所に設置。

トイレは四隅のどこかに設置します。

止まり木は高さや位置などに変化をつけて。ステージと組み合わせて上り下りしやすいように設置。

回し車は種類によって床に置くか金網に取り付けます。

食器は給水ボトルの水が垂れない場所に取り付けます。高い位置のステージに置く場合は、金網に取り付けるタイプが安心。

底網を使う場合はトレイ部分にトイレ砂、ペットシーツなどを敷きます。
底網を外す場合はトレイ部分に床敷を厚く敷き詰めます。厚みは 3 〜 6cm とする資料もあります。

扉にはナスカンで戸締まりをして脱走防止。

巣材はシマリスが巣箱に運び込みます。底網や床敷の上に用意しておきます。

ケージの置き場所

昼行性の暮らしに合った場所

❋ シマリスは昼行性の動物なので、昼間は明るい場所で飼育します。日当たりがいい部屋にケージを置きましょう。ただし窓ぎわで直射日光が直撃するような場所では、暑い時期には熱中症のおそれもあります。

❋ 夜はシマリスにとっては巣に戻って寝ている時間です。ずっと明るい部屋で飼っているとホルモンバランスに異常が生じる心配もあります。明るい時間と暗い時間をはっきりさせることは、体内時計を調えるためにも大切なことです。

❋ リビングなどで飼っていると夜になっても明るい場合もありますが、ケージの一部に布などをかける、ダンボールなどで簡単な衝立（仕切り、パーティション）を作ってケージの前に立てるといった方法で、できるだけ薄暗くなるようにしてください。

夜になったら、ケージの一部を照明の明かりから遮られる工夫をしてあげましょう。

❋ 動物専用の部屋にケージを置いている場合は、日が暮れたら部屋も暗くしてください。

温度管理しやすい場所

❋ 夏は涼しくでき、冬は暖かくできる場所、適切な湿度の場所で飼育します。エアコンなどでの温度管理が必須となるので、玄関のような場所にケージを置くのは不適当です。

❋ 窓際は、夏場は直射日光で暑すぎます。短い時間でも熱中症になるおそれがあります。また、冬場は窓の結露などもあって冷え込みます。窓際に置くのは避けてください。

❋ エアコンの風がケージを直撃していないか、冬にはドアの近くなどでは開閉のたびに冷たい風が入ってくることもあるので、隙間風がケージに当たらないかも確認します。

❋ リビングなど人の生活空間で飼育している場合、人がいるときだけはエアコンをつけていて、寝室に移動するときは消してしまう、ということがあるかもしれませんが、昼夜の温度差が大きすぎるのもよくありません。シマリスがいる部屋の温度管理は常に行ってください。

風通しがよい場所

❋ ほこりっぽかったり、汚れた空気がこもらない場所にケージを置きましょう。家具と家具の間なども空気がとどこおりがちです。

❋ 隙間風は避けなくてはなりませんが、風

通しがよく、きれいな空気が常に循環していることが大切です。そのためには窓を開けて空気の入れ換えも欠かせませんが、シマリスが脱走しないよう、ケージの戸締まりを確認してから行ってください。

ストレスが少ない場所

❋ ケージは、部屋の壁ぎわに置いてください。部屋の中央に置き、人がどの方向からもアプローチしてくるのは、シマリスにとって落ち着きません。

❋ シマリスは人の生活空間で暮らすので、ある程度の騒がしさ（人の声、足音、もののぶつかる音、テレビなどの音）はしかたがないことです。そうした物音がしても怖くないのだということに慣らす必要はあります。ただし、

大きな物音や振動、すぐそばでテレビを大音量で見るなど、通常の生活音を越えないようにしてください。騒がしすぎることも大きなストレスになります。

❋ シマリスは人よりも聴覚が優れているので、人には聞こえない高周波の音が聞こえているかもしれません。電子機器や家電製品の近くにケージを置くのは避けたほうがいいでしょう。

❋ 犬や猫などの捕食動物と接することがないようにすることも必要です。見えない位置にケージがあるとしても、捕食動物がいることはにおいでわかるので、シマリスは不安になるでしょう。

❋ シマリスを複数、飼育している場合、相性が悪いとケージ越しでも威嚇し合ったりするので、そういう場合はケージを離して置きましょう。

窓際は、直射日光で暑くなり、冬場は冷え込みます。

すぐそばで聞こえるテレビの大音量はストレスに。

空気が滞る隙間にケージを押し込まないで。

見えなくても、
犬や猫などの気配やにおいに怯えます。

住まいの Q&A

Q① いろいろなエンリッチメントグッズを取り入れてあげたいです。注意点は?

A 思いもよらない使い方をすることもあります。新しいエンリッチメントグッズをケージ内に設置するときは、休日など時間的に余裕のある日を選ぶといいでしょう。危険な使い方をしていないかなど様子をよく観察してください。ケージに取り付けるものでは、ケージとの接続部分の隙間に爪を引っかけやすくなっていないか注意を。

ぬいぐるみを相手に遊ぶシマリスもよくいるものです。ただし、ボタンやビーズなどの小さなパーツをかじったり、ごく小さいものだと飲み込んでしまうおそれもあるので気をつけましょう。

Q② ケージを重ねて大きいものにしたいと思っていますが、注意点は?

A シマリスによりよい環境を提供したいと考え、ケージ改良をする飼い主さんも多く、素敵なことだと思います。ただし、メーカーは通常、そのままで利用することを考えてケージを製造しています。安全面についても、そのまま使うことを想定していますから、手を加えるのは自己責任ということになってしまいます。その点は理解しておきましょう。

注意すべきは、手を加えることで安全性に問題が出ないかどうかです。地震などで揺れたり接合部分がゆるいために崩れることがないか、つなぎ目の幅が大きくてシマリスが脱走しないか、中途半端に開いているために挟まったりしないか、爪が引っかかるところができていないかなども確認しましょう。

Q③ ケージにかける布はなんでもいいですか?

A 夜、暗くするため、冬場の保温のためなどにケージに布類をかけることもあるかと思います。爪の引っかかりやすい布だとケージ内に引き込んでしまうこともあります。爪を折ったり布をかじるトラブルにもつながるので、布をかけるなら爪が引っかかりにくいものを選ぶといいでしょう。

ケージ内や室内でのシマリスの行動範囲に布類を置く場合でもそうですが、ゆったり編んである布やタオル地のようにループ状になっているものは危ないです。高密度に織ってあるものやポリエステル、遮光カーテンの生地などの選択肢があります。あるいは、ケージの上にケージの底面積よりも広いプラダンなどを置いてから布をかけるといった工夫をすれば、布がケージから離れているので引き込み防止になります。

Q④ 屋外で拾ってきた木の葉を巣材に使ってもいいですか?

A 木の葉は野生のシマリスが巣材として使っているものです。ミズ

ナラ、カシワ、クヌギなどドングリのできる木の葉なら使うことができるでしょう。水分の少ない枯れ葉がいいでしょう。ただし、ドングリを拾ってくるときと同様に、薬剤散布などされていないかを確認してください。犬猫が排泄する場所になっているところも避けましょう。

　動物が巣材として使用してトラブルがあっても保証はないので、日常的な巣材として使うのではなく、エンリッチメントグッズの延長線上で時々少しだけ使ってみる程度がいいかもしれません。

Q5 止まり木にできそうな木の枝を見つけたのですが、止まり木にできますか？

A 拾ってきた木の枝は安全なものなら止まり木にしてもいいでしょう。ミズナラ、カシワ、シラカバ、クヌギ、カシ、クリ、ヤナギなどだと安全といわれています。薬剤が使われていないか確認しましょう。よそのお宅で枝打ちしたものなら、許可を得てください。流木も利用できます。十分に洗って煮沸し、天日でよく乾かします。ボルトやナット、ワッシャーなどを取り付けると、ケージに取り付ける止まり木ができます。ただし取り付けには大きすぎるようなら、ケージ内に立てかけたほうがいいかと思います。

　市販の止まり木にもいろいろなタイプがありますし、市販の天然木のかじり木で太さとある程度の長さがあるものを、シマリスの体重なら止まり木にできるかもしれません。拾ってくるものよりも安全

かと思います。

Q6 日当たりの悪い場所にしか置けないのですが、大丈夫でしょうか。

A 明暗の差をしっかりつけられるようにして飼育することが大切です。それができないとホルモンバランスが崩れるなどの影響が心配されます。脱毛、繁殖障害などが起きることもあるので、昼間は明るくなる部屋で飼育しましょう。難しい場合はフルスペクトルライトの使用も検討しましょう（213ページ参照）。

Q7 ケージの置き場所をしょっちゅう変えるのはよくないですか？

A 本来なら、あまりしばしば場所が変わるのはシマリスにとっても落ち着かないと思われるので、適した場所に常に置いておきたいのですが、季節や時間帯によって適した場所がまったく違うなら、しかたのないことではあるかと思います。

　ただし、どこに置くとしても適した環境になっていることが大前提です。たとえば、「夜は暗くなる場所だが冬はとても寒い」なら、暖かい部屋に置いたうえで薄暗くなるように工夫をしたほうがいいです。また、十分なサイズのケージを使っていると、置き場所をしばしば移動するのは現実的ではありません。置き場所の環境が、季節や昼夜、人の毎日の暮らし方のなかでどう変わるのかを考え、よりよい置き場所に決めるのがベストです。

わが家の工夫【住まい編】

case. 01
複数飼育しているときは、それぞれに生活用のケージと待機ケージを用意しました。

待機ケージは災害時の避難のさいにも使う予定で、週一の掃除のときに小さいケージにも慣れてもらうようにしています。待機ケージにもステージなどをつけて、いざというときの最低限の生活ができるようにしてあります。　　　（トロさん）

case. 02
今は販売していませんが、下がプラスチックケージ、上がカゴのケージになっているものを使用しています。下のプラスチックケージには木のチップを敷き詰めて、そこに食べ物を隠せるようにしています。
　　　　　　　　　　　（さりんこさん）

case. 03
へやんぽをさせたかったのですが、わが家では環境を整えることが難しく、シマリスにとって危険な場所だらけでした。エアコン、家具の隙間など…。そのため、蚊帳を使ってへやんぽしております。エアコンの侵入防止にもなるので、安全に遊べています。

蚊帳の中にキャットタワーを入れたりして、シマリスも楽しそうに過ごしています。

移動用キャリーも置いておき、蓋を開けたままにしています。今では、何の抵抗もなく、キャリーに出たり入ったりしています。

ケージの足もとは、洗濯機のキャスター付きの置き台です。サイズの変更もでき、耐荷重がしっかりしているので、安心して使っています。ケージの移動にとても便利です。（チップママさん）

case. 04
ジャンプして飛び移りやすいよう、ステージやステップを対角線上に設置することを心がけています。飛び移りたい場所が、垂直にあったとしたら行きづらいだろうな…なんて考えて。　（チビスケさん）

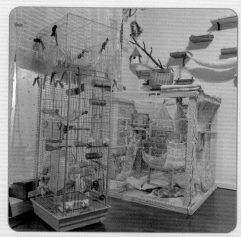

case. 05

快適ロングハウスに同じ幅のケージを重ねて高さを増しています。右の手作りのケージはホームセンターで購入した木材にチキンネットを張っています。下はコルクマットを敷いています。サイズは90×90×90cmです。持ち上げて掃除可能なギリギリの大きさにしました。ロングハウスとは、トンネルで繋いで行き来できるようにしています。

ケージに窓から陽があたるようにして日向ぼっこしてもらっています。日陰もあるので本人が好きに快適な場所に移動しています。

へやんぽ用に壁にリスウォーク（写真下）を作っています。　　　　　（ごはんさん）

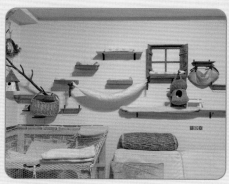

case. 06

3代目のシマリスが手作りの布製ハンモックのほつれに足を引っかけて以来、ハンモックはこわくて使えず、でもハンモックはお気に入りでしたので、4代目の子をお迎えしてから代わりになる物を探して思いついたのが、鳥が使う皿巣でした。ケージに設置してみるとすぐに気に入ってくれ、猫鍋のように丸くなってお昼寝したりくつろいだりしています。ヘソ天になっているときもあり、くつろいでいる姿も丸見えでかわいいです。

素材も鳥用のもので安心ですし、数ヶ月で壊しちゃったりしますが、高価なものではないので交換もしやすくおすすめです。　　　（ケーキさん）

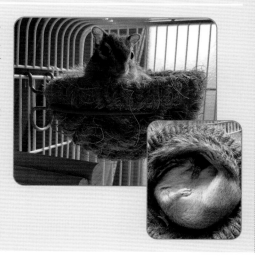

case.07 運動神経がやや低い子は、細い止まり木をゆっくりめに歩き、ジャンプも大胆には飛ばないので、活発な子よりケージ内のステップを増やして上下運動のサポートを。高齢の子は足腰が弱くなっても高いところに上がりたがり、その欲求は満たしてあげたいので高い場所に安全に行くことができて、降りるときも問題なく降りられるステップ配置を心がけていました。 （ここなぎさん）

case.08 落下してケガするのが怖いので、床材は多めフカフカに。止まり木もジャンプしやすい距離に設置しています。へやんぽ用にキャットタワーほどではないですが、自作の柱を設置しています。 （さくさん）

case.09 寝床になるお家を手作りしました。近所のペットショップのものでは小さく窮屈そうだったので。工作室のある工務店で端材の木を一袋500円で詰め放題で売っていて、似たものを探して組み合わせて木工用ボンドで貼りつけました。床はあえてつけずケージの底を半分板にしてその上に置いています。

はじめは固定していたのですが、うちの子は浮かせて移動させて落ち着く…、を繰り返したので、好きに移動できるように固定していません。 （紅雪さん）

case.10 赤ちゃんがいるので、足つきの海外の鳥用大型ケージを使用しています（赤ちゃんの指入れやケージの開閉防止のため）。

キャットタワーの設置のほか、カーテンレールを走るのでスパイラルパーチを取りつけて滑り防止と爪の伸び防止に活用しています。

土を掘れる場所を作りました（ネイチャーランド使用）。

ハンモックを自分で作っています（布二重で中に潜れる仕様）。リビングにケージがあるので遮光カーテンを使ってケージカバーを作りました。 （Bikke the chip さん）

case. 11

ハンモックを使っていますが、飾り物がついてない市販犬用Tシャツに木の棒をさして使用中。代々リスはなぜか手作りよりこちらを必ずご愛用です。巣材は新聞紙とキッチンペーパー半々でしたが、キッチンペーパーのみ運んでいるため、今はキッチンペーパーを1.5cmくらいに裂いて床に敷いてます。今の子の前までは新聞紙のみでした。

へやんぽ用に縄を三つ編みにしたものをケージ横にぶら下げて、登れるようにしています。

（こしまさん）

case. 12

ケージを2段重ねて高さのあるケージ使うようにしています。ケージは同じものを連結していますが、上部のケージが崩れ落ちてくることが最も危険なため、そこを確実に回避する必要がありました。ケージの内側四隅に2段分の長さの木材の柱を通し、柱に上下のケージを固定することで崩れず、ゆがみにくいケージを実現しています。木材の柱には鬼目ナットと呼ばれるパーツを埋め込んでおり、普通にビス止めするよりも柱とケージとの締め付け力がアップします。また、上下のケージの境目の隙間を極力なくすため、結束バンドで締め付けています。高さがあるので、万が一落下したときのことも考え、上下の中間部分に大き目のハンモックを取り付けています。

また、いつも立ち寄る場所（食器を置いている場所）にレンガブロックを置き、少しでも爪が削れるようにしています。

巣箱（SANKO ポストハウス）は縦置きと横置き（穴が天井を向く）の2個をセットし、好きな方を選ばせています。2匹いますが、1匹は縦置きで寝ていて、1匹は横置きで寝ています。2匹とも寝ていない巣箱の方は食べ物を貯めているので、活用はしてくれているようですね。

（シマリストきむらさん）

case.
13

共働きでほぼお留守番なので、ストレスを減らせればと、イージーホーム60ハイメッシュを2段に重ね、トンネルで70cmサイズのプラスチック衣装ケースと繋げています。衣装ケースは午前中日当りのよい場所にあり、外を眺められるようにしています。

ケージ内のステップのひとつに、100均で購入した金網に、人工芝を固定したものを使っています。 （masatoさん）

ケージから衣装ケースの寝室までの移動には、ハムスター用のパイプとウサギ用のメッシュトンネルを繋いでいます。

メッシュトンネルでオヤツをあげて、食べるのに夢中の間、爪切りもできます。

日当りのよい
寝室にいるときは、
まったり
過ごしています。

金網と人工芝を結束バンドで固定したステップ。うちの子たちは芝を噛むことなく気に入って、寝そべっています。

case. 14 敷材としてチップを敷いていますが、ペットショップで初めて会った時の印象で他の子よりも潜る（掘る）のが好きなように感じたので普通よりも多めに入れています。　（まりーぬさん）

case. 15 背の高いケージを使っています。暑さ寒さで寝床を替えられるよう、上、中、下に寝袋や巣箱などを一つずつ設置しています。　（ゆきんこさん）

case. 16 水を切らさないようボトルは2本準備しています。　（シゲッチさん）

case. 17 うちに来たときはまだ生後2ヶ月ほどで小さかったです。リス用の巣箱は購入したのですが、ケージの高いところに取り付けると入り口まで跳べなかったので床に配置しました。　（きなこさん）

case. 18 家を開けていることが多く、シマリス達のストレスにならないように、ケージを改造して活動域を広くしています。二つのケージをつなげているトンネルは、小動物用のプラスチックの伸び縮みするトンネルで、トンネル断面の上下左右の4ヶ所に千枚通しで穴をあけます。ケージの小窓にピッタリはまるので、そこにはめ込み結束バンドで固定しています。結束バンドの余った部分は噛みちぎって飲み込むといけないのでカット。カットした部分を外側に向けておくと、シマリスとカット部分の接触がないです。

トンネルに強度があり、シマリスの通過時にたゆむことはありませんでした。ただしトンネルを伸ばしきるとたわむと思います。

ケージの小窓とトンネルの上下横の幅がピッタリなので、シマリスが脱走できるほどの隙間がで

きずに済んだことが設置する決め手となりました。脱走癖のあるシマリスちゃんですと、プラスチック部分を齧って破き、脱走する可能性もあると思うので、このような設置をする場合には、シマリスの性格を理解してから考えてみてほしいと思います。

また、公園で拾った木などを入れ、なるべく自然に近い環境にしてあげています。足場で木の素材のままだと滑る場合は、麻縄を巻くとグリップ力があがり、安全に使用できます。

ケージを大きくしていることで、タイガー期（気が荒くなる時期のこと）のさいに端へ行った隙を見て、餌交換や手入れをできるなどのメリットがあります。日々の清掃は大変ですが！

　（Ricky_バイトくん・すこちゃんさん）

編集部からひと言！
ケージの改良・改造を行うさいには、シマリスにも人にも危険のないこと、シマリスが脱走するおそれのないことなどを考えてからにしてください。自己責任であることも理解して行いましょう。72ページも参照してください。

リス園に行こう！

　いろいろなリスを間近で見ることのできるリス園。動物園の展示施設や、リスに特化した施設など、全国にいくつもの施設があります。かわいい姿に癒やされるのもよし、遊具の工夫を参考にしてみるのもよし。ぜひ訪れてみては？

さいたま市
りすの家

りすの家の前では旧大宮市のシンボル、こりすのトトちゃん像がお出迎え。

通路をゆっくり歩きながらシマリスの姿を探してみましょう。

穴掘り姿はおなじみの光景。

餌場が数ヶ所にあります。

地下ならぬ地上のトンネルを通って壁の中へ。反対側からも姿が見えますよ。

組み合わせた木の枝が楽しいアスレチックに。

常に足元は気を
つけましょう。

なんかいいにおいするぞ。

左ページの壁の反対側では巣穴
の中の様子を観察することができ
ます。

　広い放飼場でシマリスが飼われている
りすの家。春には子リスたちが見られる
など、四季折々の姿を楽しめます。通路
以外は草木の生えた自然に近い環境に
なっていて、ひょっこりと巣穴から出てく
るのを目撃することも。木の枝の上など
を走り回るその速さには、これが本来の
動きなんだと驚かされるかもしれませ
ん。足元近くにも寄ってくるので、通路

はゆっくりとすり足で歩きながら、シマ
リスたちの姿を探してみてください。
　市民の森には、この放飼場のほかに
も、シマリスが飼育されている大型ケー
ジがあります。

〒331-0803 埼玉県さいたま市北区見沼2-94市民
の森・見沼グリーンセンター、Tel.048-664-5915、
休園日：月曜（祝日の場合は翌日）、12/29〜1/3、
開園時間：10時〜16時、料金：無料

町田 リス園

タイワンリスへの餌やりができる町田リス園。開園直後だと「早くちょうだい！」とリスたちが体によじ登ってきて「リスまみれ」になっちゃうこともあるんです。

〒195-0073 東京都町田市薬師台1-733-1、Tel.042-734-1001、休園日：火曜（祝日の場合は翌日）、6、9、12月 は 第1火曜〜金曜（園内整備）12/27〜1/2、開園時間：平日・土・日・祝は10〜16時、4月〜9月の日曜・祝日のみ10〜17時、料金：大人500円、3歳〜小学生300円

井の頭自然文化園 リスの小径

放飼場を歩きながらニホンリスを観察できる「リスの小径」。野生ではなかなか身近で観察できないニホンリスのいろいろな様子を見ることができて癒やされます。

〒180-0005 東京都武蔵野市御殿山1-17-6、Tel.0422-46-1100、休園日：月曜（祝日や振休、都民の日の場合は翌日）、12/29〜1/1、開園時間：9時30分〜17時（入園は16時まで）、入園料：一般400円、中学生150円、65歳以上200円

に落ち葉などを置いてカモフラージュするところも観察されています。

　地面に貯蔵した食べ物はあとで探して、掘り起こして食べます。主ににおいで探すようですが、位置を記憶していることもあるようです。ほかのシマリスが隠したものを見つけて食べることもあります。

　秋は、冬眠巣にドングリやサクラの種子などを運び込みます。一日に最大165個のドングリを集めていたという資料もあります。

　腐りやすい食べ物はその場で食べ、貯蔵しないようです。

　植物のほかには生きている昆虫もつかまえて食べます。

野生下で食べているもの

　シマリスは、植物食傾向の強い雑食性の動物です。主に種子、芽、若葉、動物質の食べ物を食べています。植物質のものとしてはほかに果実や花、樹液など、動物質としては昆虫類、鳥の雛などを食べています。

　エゾシマリスがよく食べていると観察されている食べ物は、ドングリ、ヒカゲスゲ種子、オオヤマザクラ種子、ミヤマザクラ種子、キツリフネ種子、ハルニレ種子、イタヤカエデ芽・葉です。

季節による違い

　野生のシマリスは季節ごとに食べているものの傾向が変化します。春には、冬のために貯蔵してあったドングリやサクラの種子、木の芽や花などを、初夏には芽や若葉、花、種子、木の実などを食べ、夏は植物のほかに蛾、アリやセミなど動物質の割合が高くなります。秋はドングリなどの種子を食べたり貯蔵します。冬は冬眠していますが、数日に一度目覚めて貯食してあるドングリを食べます。

エゾシマリスが食べているもの

オオヤマザクラ（種子、芽、葉、花）

ミヤマザクラ（種子、芽、花）

ハルニレ（種子、芽、樹液）

ミズナラ（種子、芽、樹液）

ヤマブドウ（種子、樹液）

エゾイチゴ（果実）

サルナシ（果実、芽、樹液）

チシマアザミ（種子、芽、葉）

オオヨモギ（芽、葉）

エゾノギシギシ（種子、葉）

ヒカゲスゲ（種子、花）など

※「オホーツク海岸林の生物相と
　シマリスの食性」より抜粋

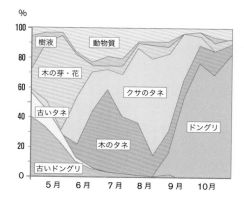

═══ 季節による食べ物の違い ═══

（「郷土学習シリーズ　シマリスの四季」より）

栄養の基本

食べ物の栄養が命のもととなる

　動物の生命活動には、食べ物などから栄養を体に取り込むことが必要です。体を構成する組織のもととなり、エネルギー源となったり、体のさまざまな働きに関与したりします。

　栄養素にはタンパク質、炭水化物、脂質、ビタミン、ミネラルがあり、それぞれが重要な役割を担っています。なお、以下のそれぞれの栄養素の役割や欠乏・過剰については一般的なものを挙げています。

タンパク質の役割

　タンパク質は体を構成し、維持する成分として重要な栄養素です。筋肉や皮膚、被毛、骨、臓器、細胞など体内の組織の材料になるほか、血液、酵素、ホルモン、免疫物質に関与するといった働きもしています。糖質や脂質だけではエネルギーが不足しているときはエネルギー源にもなります。

　タンパク質が不足すると、成長不良、体重減少、被毛の乱れ、筋肉の衰えなどが、多すぎると、腎臓や肝臓への負担になったり、肥満の原因になります。

　タンパク質はアミノ酸という物質で構成されていて、そのうち体内では合成できないものを必須アミノ酸といい、食べ物から摂取する必要があります。必須アミノ酸は哺乳類では9種類あります（イソロイシン、ロイシン、リジン、メチオニン、フェニルアラニン、スレオニン、トリプトファン、バリン、ヒスチジン）。

　シマリスによく与えられているもののうちタンパク質が多いのは動物質の食材です。動物質のほうが必須アミノ酸はバランスよく含まれています。植物性のタンパク質は大豆（与えるときはゆでたものを）や大豆製品に多く含まれます。

炭水化物の役割

糖　質

　炭水化物は糖質と繊維質のふたつに分けられます。

　糖質はエネルギー源になります。消化管内でグルコースという最小単位に分解されて肝臓や筋肉に貯蔵され、エネルギー源として使われるほか、血液中に血糖として存在します。

　糖質のうち最小単位が「単糖類」で、ブドウ糖（グルコース）や果糖（フルクトース）などがあります。果糖は果物に多く含まれます。そのほかの糖質は単糖類がいくつか結びついたもので、「二糖類」（ショ糖、乳糖など）、「少糖類」（オリゴ糖など）「多糖類」（デンプン、グリコーゲンなど）があります。多糖類には、動物がもつ消化酵素で分解できるものとできないもの（難消化性）があります。

　糖質が不足するとエネルギー不足になります。多すぎると、糖尿病のリスクが高くなったり、肥満の原因になります。

　シマリスによく与えられているもので糖質が多いのは、果物や穀類、イモ類などです。

繊維質（食物繊維）

多糖類のうち、人がもつ消化酵素で消化できないものが繊維質です。腸の働きを刺激する、腸内の有害物質排出に役立つ、消化管内の環境を整えるといった働きがあります。

繊維質には水溶性と不溶性があります。植物の細胞壁にあるセルロースなどは不溶性で、リンゴなどに含まれるペクチンなどは水溶性です。水溶性の食物繊維は保水性が高いので、消化管内の水分量調節の働きがあります。

動物のなかには腸内に住み着いている細菌叢が繊維質を分解、発酵し、盲腸糞と呼ばれる栄養に富んだ便を作り、それを食べることで栄養を摂取するしくみをもつものがいます。食糞といいます。シマリスも食糞します。

繊維質が不足すると、消化管の動きが悪くなったり、便秘になります。多すぎても便秘になったり、消化管の通過速度が速くなるので栄養素の吸収が低下したりします。

シマリスによく与えられているもので繊維質が多いのは、野菜類や穀類などです。

脂質の役割

脂質は効率のよいエネルギー源で、タンパク質や糖質の約2倍のエネルギーを作ります。そのほかにも、体内では合成できないが大切な必須脂肪酸を供給する、細胞膜などの生体膜や脳、神経組織などを構成する、免疫物質を作る、血管を防御する、ホルモン分泌、脂溶性ビタミンの利用などの働きがあります。

脂肪酸は脂質の主な成分です。構造の違いによって飽和脂肪酸と不飽和脂肪酸に分かれ、飽和脂肪酸は主に動物性の脂肪に、不飽和脂肪酸は植物や魚の脂肪に含まれます。不飽和脂肪酸には、一価不飽和脂肪酸としてオリーブ油などが、多価不飽和脂肪酸のうちn-3系として必須脂肪酸のαリノレン酸などが、n-6系としてリノール酸やアラキドン酸などがあります。

脂質が不足すると、エネルギーが不足したり、成長の遅れ、皮膚や被毛の状態悪化などが起こります。多すぎると、肥満になったり、高脂血症や脂肪肝などになりやすくなります。

シマリスによく与えられているもので脂質が多いのは、ナッツやヒマワリの種などです。

ビタミンの役割

ビタミンはタンパク質、炭水化物、脂質とは違い、エネルギー源になったり体を構成する成分にはなりませんが、体のさまざまな機能を調節する役割をもつ大切な栄養

素です。体内で合成することができなかったり、合成できても不足したりするため、食べ物から摂取する必要があります。

また、腸内細菌叢の働きで、繊維質を分解、発酵させて作られたビタミンB群やビタミンKを、食糞することで摂取します。

ビタミンには、脂溶性ビタミン（ビタミンA、D、E、K）と水溶性ビタミン（ビタミンB群、C）があります。

脂溶性ビタミンは脂肪に溶けて体内を移動して肝臓などに蓄積、体内で足りなくなると蓄積されたビタミンが利用されます。欠乏しにくいですが、長期にわたる過剰摂取には注意が必要です。

ビタミンA：成長促進作用などがあります。欠乏すると夜盲症や網膜変性、食欲不振、成長不良など、過剰だと骨の発育異常、運動失調など。

ビタミンD：カルシウムやリンの吸収や代謝を促進します。欠乏するとくる病や骨軟化症など、過剰だと高カルシウム血症など。

ビタミンE：強い抗酸化作用があります。欠乏すると貧血、筋肉壊死など、過剰はまれです。

ビタミンK：血液凝固反応や骨の成長に関与します。欠乏はまれです。過剰だと貧血など。

水溶性ビタミンは水に溶ける性質があります。たくさん摂っても尿とともに排泄されるので過剰摂取にはなりにくいのですが、欠乏しやすいものでもあります。

ビタミンB群：ビタミンB1、B2、B6、B12、葉酸、パントテン酸などがあります。代謝を助けるなど多くの働きを担っています。欠乏の例としてはビタミンB1では食欲不振や体重減少、B2では成長率低下など。過剰はまれです。

ビタミンC：抗酸化作用があります。欠乏すると壊血病（人やモルモットなどビタミンCが合成できない場合）。過剰はまれです。

ミネラルの役割

無機質ともいいます。ビタミン同様、エネルギー源にはなりませんが、骨や歯の構成成分になったり、体液の浸透圧を維持する、酵素の働きを助ける、情報伝達をつかさどるなどの重要な役割があります。

体内に存在する量によって多量ミネラル（カルシウム、リン、マグネシウム、ナトリウム、カリウムなど）と微量ミネラル（鉄、亜鉛、銅、マンガン、ヨウ素、セレン、クロム、モリブデンなど）があります。

主なミネラルでは、カルシウム（Ca）はその99％は骨と歯に存在します。欠乏すると骨の正常な発育を阻害します。リンとのバランスは「カルシウム1〜2：リン1」がよいとされ、リンが過剰だとカルシウムの吸着が阻害されます。欠乏すると成長抑制など、過剰だとほかのミネラルの吸収抑制、結石のリスクが高まります。

リン（P）は80％が骨と歯に存在するほか、生理機能で重要な働きをしています。欠乏すると骨の成長が阻害され、過剰だとカルシウムの利用性が悪くなります。

マグネシウム（Mg）は70％が骨と歯に存在するほか、軟組織や体液中にあり、神経興奮の抑制や酵素の働きを助けます。欠乏すると神経過敏、痙攣など、過剰になるのはまれです。

シマリスに与える食事

飼育下の食事をどう考えるか

シマリスが一日にどのくらいのカロリーを必要とし、各栄養素をどのくらい摂ればいいのかを示す科学的なデータはありません。そのため、さまざまな情報からシマリスの食事を考えていく必要があります。

実験動物飼料の栄養価を参考にする

シマリスは実験動物として冬眠研究に使われていますが、与えられているのはマウス・ラット・ハムスター用の固形飼料（MF）です。この飼料の栄養価がひとつの基準にはできるかもしれません。

マウス・ラット・ハムスター用固形飼料には、MF（飼育用）のほかに低タンパクなCR-LPF（長期飼育用）があります。シマリスと食性や体重が似ているゴールデンハムスターにはCR-LPFを与えている飼い主も多いようです。

よく利用されているマウス・ラット・ハムスター用固形飼料の栄養価（100g中）

	MF （飼育用）	CR-LPF （長期飼育用）
水分	7.9g	8g
粗タンパク質	23.1g	16.5g
粗脂肪	5.1g	3.9g
粗灰分	5.8g	5.9g
粗繊維	2.8g	4.4g
可溶性無窒素物	55.3g	61.3g
カロリー	359kcal	347kcal
カルシウム	1.07g	1.02g
リン	0.83g	0.79g

注：可溶性無窒素物とは、飼料全体から水分、粗タンパク質、粗脂肪、粗灰分、粗繊維の量を差し引いたもので、繊維質以外の炭水化物のこと

種々の資料による情報を参考にする

シマリスの食事について記載している各種資料の情報も参考にすることができます。

シマリスの食事についての記述を抜粋したもの

❶ 主食としてリス用やハムスター用ペレットを、副食として動物性タンパク質、種子類、野菜、果物を与える。（『エキゾチック臨床Vol.19　小型げっ歯類の診療』より）

❷ 栄養面でシマリス専用ペレット、実験動物げっ歯類用ペレット、モンキーフード。嗜好性とエンリッチメントの観点から小鳥用殻付き配合飼料やハト用配合飼料。果実や野菜。エンリッチメントの観点から生き餌。（「エキゾチックアニマルの飼育指南　File No.7 シマリス」より）

❸ ラット・マウスに適したげっ歯目用のペレット、少量の野菜、果物、ナッツ、種子。時々動物質のもの。（『BSAVA Manual of Exotic Pets』より）

❹ 飼料の50％は穀物。ほかに無塩のナッツ、少量の果物や野菜、雑草、ラット・マウス用ペレット（種子ベースではない）、カトルボーン。（RSPCA「Chipmunks」より）

❺ リス用ペレットや種子類を中心に、野菜、動物性タンパク質などを与える。ペレットの一日あたりの量は25〜30g。（『カラーアトラス　エキゾチックアニマル哺乳類編』より）

❻シマリス2頭分として、穀粒の混合を約50g、野菜または果物を約10g。ほかに動物質約1.5gを週2回、塩土0.1g程度を週1回。(『実験動物の飼育管理と手技』より)

❼1日に約28〜30gの餌を必要とする。約半分は種子とナッツ、残りのうち30%は果物と野菜、15%はミックスフード。ほかにヨーグルトを2〜3日に1回、動物質を週に1、2回。(『Chipmunks as Pets』より)

❽主食として小鳥用配合飼料、ハト餌、ミックスフード、ペレット、副食として野菜類、果物、動物質。量は1日25〜30g、主食と副食の比率は5:1、野菜・果物は毎日2〜3種類。(『ザ・リス』より)

※飼育下の樹上性リスに推奨される食事としてアメリカで書かれているものとして、実験動物用(げっ歯目用)飼料か霊長類用飼料を60%、果物と野菜を30%、ナッツと種子を10%という情報があります。(「Nutrition of Tree-dwelling Squirrels」より)

シマリスの主食と副食

　さまざまな情報などをもとに、この書籍では、家庭でシマリスに与える食事として以下のようなものをおすすめします。

【主食】

　固形飼料(ペレット)と雑穀を与える。

　ペレットは栄養面を満たすため、雑穀は栄養面に加え、環境エンリッチメントの意味合いもある。

【副食】

　野菜や果物、動物質などを与える。

　野菜や果物はビタミン、ミネラルの補給になり、旬の食材を与えやすい。動物質はタンパク質の補給と、種類によっては環境エンリッチメントの意味合いもある。

食事の量

　目安としては、主食(ペレットと雑穀)が合わせて20〜25gほど、そのほかの副食が5gほどです。やせすぎたり太りすぎたりしていないかどうか、体格を確認しながら増減し、その個体に合った適正な量を見つけてください。活発でよく運動するなら多めにしてもよいと思われます。

　なお、この数値は「実際に食べる量」です。雑穀が殻付きなら、そのぶんやや多めに与えたほうがいいでしょう。

　また、シマリスは食べ物を貯蔵する習性があり、雑穀やナッツ類などは食べているように見えても巣箱などに貯蔵し、実際には食べていない場合もあります。特に秋や冬には顕著です。十分な量を食べているかどうかよく観察してください。

食事を与える時間帯と回数

シマリスの活動時間を考え、食事は朝のうちに1回、与えましょう。食べ残しがあったとしても必ずすべてを新しいものに交換してください。

食が細かったり、一度にあまり食べないような個体では、食べ物を新しいものと交換することで食欲が出ることもあるので、数度に分けてもいいでしょう。

その日に与える食べ物から少し取り分けておき、あとでコミュニケーションをとるときに手から与えたりしてもいいでしょう。

季節による食事メニューの変化

シマリスは、冬眠や繁殖など季節による行動が見られる動物です。特に冬眠はその時期になると自然と体内が冬眠モードに変化するなど、非常に正確な体内時計をもっています。食事メニューにも季節に応じた変化をつけるとよいと考えられます。

【春】

繁殖シーズンです。繁殖させる場合、妊娠・子育て中のメスには高タンパクな食べ物を与えるようにします。

【夏】

野生下では昆虫類を食べる割合が高くなります。動物質の食材を多めにしてもよいでしょう。

【秋】

飼育下にあっても、貯食行動が多くなります。きちんと食べているかどうか確認してください。手に入ればドングリも与えるといいでしょう。

【冬】

野生下では冬眠する季節で、秋に続いて貯食行動が激しくなります。冬眠に備えて皮下脂肪をためることはないのでナッツなどをたくさん与える必要はありません。貯食することに熱心なあまり体重が減ることもあるので、食べているかどうか確認しましょう。

シマリスの食事メニューの例

一日に1回、朝のうちに与えましょう

主食

主食（ペレットと雑穀）は20〜25gほど

副食

副食（野菜、果物、動物質など）は5gほど

TIPS：
季節に応じた変化も取り入れよう！

TIPS：
コミュニケーション用に取り分けておいてもOK！

シマリスに与える食材

ペレット

　主食として与えるもののひとつがペレットです。ペレットとは、さまざまな原材料を細かくして混ぜて固めたペットフードのことをいいます。シマリスには市販のシマリス用ペレットやハムスター用ペレットを与えることができます。

　実験動物用飼料は、信頼性の高いペレットです。シマリスにはマウス・ラット用を与えます。10kgや20kgといった単位で作られているものですが、家庭で利用しやすい量に小分けされたものが一部のペットショップで販売されています。

　どちらの種類にも、圧縮して固めたハードタイプと、気泡を含んで砕けやすいソフトタイプがあります。ソフトタイプは高温加熱して製造されているため、デンプン質が消化されやすくなっています。

ペレットの長所と注意点

　栄養バランスに優れていることが最大の長所です。与えた食材をまんべんなく食べてくれない偏食な個体には特に向いています。

実験動物用（マウス・ラット・ハムスター）のペレット

　保存性が高い、殻や皮などのごみが出ない、栄養価が一定なので食事管理しやすいといったメリットもあります。ペレットを食べてくれるなら、人に預けるときなどに便利ですし、避難グッズにも入れておくことができます。

　一方、ペレットは嗜好性という点ではあまりよくないものもあります。そのままで食べないときは、小さく砕いてほかの食べ物にふりかけ、少しでも口にしてくれるように仕向ける方法もあります。

　実験動物用飼料の場合、ペットショップなどで小分けされたものを入手することになりますが、その過程で空気にふれて劣化が始まります。シマリス用ペレットなども、開封すれば同様です。なるべく容量の小さいものを購入し、使う都度しっかり密封し、早く使い切るようにしましょう。

　なお、固形になっているといってもクッキータイプのものは糖質や脂質が多く、シマリスの主食には向いていません。

ペレットを選ぶポイント

　栄養価の成分表示や原材料、賞味期限などがきちんと表示されているものを選びましょう。

　栄養価は、前述（89ページ）の実験動物用固形飼料に準じたものを目安にします。ペレットの成分表示に「以上」「以下」と書かれたものがあります。栄養面で重要なタンパク質と脂質は、最低限の量を保証するという意味で「以上」、繊維質と灰分は多すぎると必要な栄養が摂れなくなるので、最大量を示す「以下」と表示されています。

原材料は、ドッグフードやキャットフードでは量の多い順に表示するルールがありますが、それ以外のペット用は対象外です。とはいえ国内の信頼できるメーカーではルールに準じていると思われるので、参考にしてください。

シマリス用ミックスフードについて

シマリス用のフードには、ヒマワリの種、雑穀、乾燥野菜、ペレットといったさまざまな食べ物が入っているミックスフードがあります。主食として適したペレットをしっかり食べたうえで与えるようにするなどの食事管理を行うとよいでしょう。

実物大

シマリス・プラス
ダイエット・メンテナンス
（三晃商会）

成　分	
粗タンパク質	22.0%以上
粗脂肪	5.0%以上
粗繊維	6.5%以下
粗灰分	7.0%以下
水分	10.0%以下
カルシウム	0.6%以上
エネルギー	350kcal 以上（100g あたり）

実物大

ハムスターセレクション
（イースター）

※ハムスター専用フードです

成　分	
たんぱく質	16.0%以上
脂　質	6.0%以上
粗繊維	6.0%以下
灰　分	7.0%以下
水　分	10.0%以下
カルシウム	0.7%以上
リン	0.5%以上
代謝エネルギー	360kcal 以上 /100g

雑穀

ヒエやアワ、キビなど主にイネ科の穀物で、人が主食として食べているイネやトウモロコシなど以外のものを総称して雑穀といいます。

雑穀もシマリスの主食のひとつと考えます。栄養面のみを考えればペレットが優れていますが、環境エンリッチメントすなわち「心の栄養」という意味ではとても重要な食材といえるでしょう。

殻付きの雑穀を与えると、シマリスはひとつひとつの殻をむき、時間をかけて食事をします。採食行動という行動レパートリーを増やすことができ、退屈な時間を減らすことができます。

シマリスに与えられる市販のペット用雑穀には、文鳥用配合飼料、ヒマワリの種の配合されていない小鳥用配合飼料やハト餌などがあります。

粟穂やキビ穂は、主食としてではなく、コミュニケーションや遊びの一環として与えることができます。

単品を活用する

配合飼料はさまざまな雑穀や豆類などがミックスされたものですが、鳥用の飼料を扱っているペットショップでは、アワだけ、ヒエだけなど、単品の雑穀も売られています。

シマリスの体格などを考えながら、単品の雑穀を用いて「わが家のオリジナルブレンド」を作ることもできます。

たとえば、配合飼料に含まれている麻の実は脂質が多いですが、アワやキビは脂質が少ないので、それらをメインにしたブレンドを作ったり、配合飼料にアワやキビなどを加えて、麻の実の割合を低くする、あるいは、ペレットをあまり食べない個体には、タンパク質が多めの雑穀を増やすなど、いろいろな工夫ができるでしょう。

文鳥用配合飼料

小鳥用配合飼料

ハト餌

粟穂

人用の雑穀を活用する

　人の健康ブームや自然食ブームを背景に、いろいろな種類の雑穀が市販されています。人が食べるものなので殻はむいてありますが、時々与えて、慣らしておくのもいいことです。高齢になったり歯科疾患になったりして歯が弱くなり、上手に殻をむくことができないようなときに役に立ちます。ふやかしたり蒸したりして、与えることもできます。

雑穀の注意点

　穀類は古くなると虫がわくことがあります。できるだけ新しいものを、小さな容量で購入してください。与えたあとは密閉し、日の当たらない風通しのよい場所で保存しましょう。

　鳥だと、むいたあとの殻だけが食器に残っているのを、まだ残っていると勘違いしてしまう、ということがよくあります。必ず毎日、新しいものを与えてください。

　シマリスは雑穀をケージ内や室内のあちこちに隠すことがあります。放っておくと虫がわくこともあるので、こまめに掃除を。

雑穀・種子類の栄養価 (%)

	タンパク質	脂質	炭水化物		タンパク質	脂質	炭水化物
アワ	10.7	3.9	64.9	マイロ (こうりゃん、とうきび)	8.8	3.1	71.3
ヒエ	9.3	5.0	61.9	小麦	12.1	1.8	70.5
キビ	10.3	3.8	64.6	大麦	10.6	2.1	69.0
カナリーシード	21.3 [※1]	6.7	68.7	オーツ麦 (えん麦)	9.8	4.9	61.0
メーズ (トウモロコシ)	7.6	3.8	71.3	麻の実	29.9 [※2]	28.3	31.7

『日本標準飼料成分表』より
※1　"Nutrient Composition of Canaryseed Groats" より
※2　『八訂食品成分表』より

野　菜

野菜はビタミンやミネラル、繊維質が豊富で、新鮮なものを手に入れやすく、栄養価の優れた旬のものも与えやすい食材です。野菜や果物などは自分の目で見たり、食べたりして選べる安心感もあります。流水でよく洗い、水気を切ってから与えてください。

いろいろな野菜に食べ慣れておいてもらうと、食事メニューの幅も広がります。一度にたくさん与えるものではないので、シマリス用に野菜を購入するというよりは、飼い主の食卓に乗る野菜を少し分けてあげたり、キッチン菜園で育てるのもいいでしょう。

野菜は水分が多いので、水分補給の一助になる反面、尿量が増えたり、腸内のバランスが崩れることもあるので、排泄物の状態をチェックしましょう。

市販の乾燥野菜を利用すると、少しずついろいろなものを与えるのに便利です。ペット用ではウサギ用としていろいろな種類が市販されています。

【野菜の例】
コマツナ、キャベツ、チンゲンサイ、ミズナ、カブ葉、ダイコン葉、ブロッコリー、サラダ菜、ニンジン、サツマイモ、カボチャ、トウモロコシ、トマトなど

【与えるさいのポイント】
サツマイモ、カボチャ、ニンジンなどはレンジで加熱してから与える方法もあります。甘みが出るので嗜好性が高まることありますし、歯が弱ったときや投薬時に、つぶして与えることもできるので、慣らしておくためにも若いうちから時々与えてみても。

ブロッコリー

コマツナ

キャベツ

ニンジン

カボチャ

サラダ菜

乾燥ニンジン

ビタミンCの多い野菜 （mg/100g）	カルシウムの多い野菜 （mg/100g）
芽キャベツ（生）160	切り干しダイコン（乾）500（リン 220）
ブロッコリー（生）140	パセリ（生）290（リン 61）
パセリ（生）120	ダイコン葉（生）260（リン 52）
菜花（生）110	カブ葉（生）250（リン 42）
カブ葉（生）82	ミズナ（生）210（リン 64）
ルッコラ（生）66	ルッコラ（生）170（リン 40）
トウミョウ（生）43	コマツナ（生）170（リン 45）

『八訂食品成分表』より

果物

　果物は、抗酸化作用があるといわれるビタミンCなどの栄養価が豊富で、なんといっても嗜好性が高いものです。野菜と同様に、飼い主が自分で見て、食べて選ぶ安心感もあり、おいしいものを一緒に味わえるという楽しさもあるでしょう。いろいろな種類の果物に食べ慣れておいてもらうと、食欲が落ちているときや投薬のときに使えたりもするのでよいでしょう。

　ただし、糖質が多く、与えすぎれば肥満の原因になります。与える量は少しだけにしておいてください。

　保存性の高い乾燥果物（ドライフルーツ）が便利ですが、糖分無添加のものを選んでください。ペット用ではウサギ用としていろいろな種類が市販されています。水分が抜けている分、味が凝縮されて甘みが強くなるので嗜好性がより高くなりますが、糖分もぐっと多くなるので、与えるならごく少しにしておきましょう。

【果物の例】
リンゴ、イチゴ、カキ、キウイ、サクランボ、ナシ、バナナ、ビワ、ブルーベリー、モモ、など

【与えるさいのポイント】
　サクランボなどの種子については106ページを参照ください

　柑橘類はお腹がゆるくなるといわれます。わざわざ副食メニューに加えることはありませんが、自分が食べているときにごくわずか与える程度なら問題ありません（便の状態をチェックしてください）。

キウイフルーツ（緑肉種）　　カキ　　イチゴ

バナナ　　リンゴ　　ブルーベリー　　乾燥リンゴ

ビタミンCの多い野菜 （mg/100g）	糖質の多い果物 （mg/100g）
キウイフルーツ（黄）140	バナナ 21.1
キウイフルーツ（緑）71	マンゴー 15.7
カキ 70	カキ 14.5
イチゴ 62	サクランボ（国産）14.2
パパイア 50	キウイフルーツ（黄）13.6
露地メロン 25	リンゴ（皮つき）13.5
ラズベリー 22	露地メロン 10.3

『八訂食品成分表』より。すべて「生」。糖質は「差し引き法による利用可能炭水化物」の数値。

ナッツ類

　市販のナッツや種子類は嗜好性が高く、シマリスの大好物です。殻つきのものだと、殻を割る、むくといった行動や、頬袋に入れて巣箱などに運んで隠すといった行動ができるので、環境エンリッチメントという点では食事メニューに加えたい食材です。

　ただし、ほとんどのナッツ類は脂肪分がとても多く、与えすぎれば肥満の原因になります。かつては主食のように与えられていたヒマワリの種は、半分が脂質です。与えるならごく少量にしてください。

　なお、クリはほかのナッツ類と比べると脂質が少ない木の実です。

　ナッツ類はペット用として販売されているほか、人のおやつやおつまみ用、製菓用としてもいろいろな種類が売られています。人用から選ぶ場合には、揚げていないもの、塩分や糖分などで味付けしていないものを選びましょう。

【ナッツ類の例】

ヒマワリの種、カボチャの種、クルミ、アーモンド、ピーナッツ、ドングリなど

※ドングリについては101ページ参照

【与えるさいのポイント】

　クルミには、一般にセイヨウグルミと呼ばれるものと、日本に自生しているオニグルミなどがあります。ニホンリスなど体の大きなリスは半分に割ることができますが、シマリスでは割るのは難しいようです。ただ、時間をかけてかじって中身にたどりつくこともあるので（特にオニグルミ）、環境エンリッチメントも兼ねて与えるのもいいでしょう。セイヨウグルミはペットショップのほか、人用にも販売されています。オニグルミは通信販売や産直市場などで販売されていることがあります。

　ピーナッツは安全性の高いものなら殻付きで与えられます（106ページ参照）。

　カボチャの種は、購入したカボチャから取り出してリスに与えることもできます。そのさいは、ワタが残らないように十分に洗ったあと、天日干しなどしてしっかりと乾かしてください。乾燥剤と一緒に密閉容器で保存します。

※すべて100g中。『八訂食品成分表』より。なお、ヒマワリの種は「フライ、味付け」、カボチャの種は「いり、味付け」のデータとなっています。参考程度にご覧ください。

アーモンド（乾）
脂質 51.8g、カルシウム 250mg、リン 460mg

クリ
脂質 0.5g、カルシウム 23mg、リン 70mg

ヒマワリの種
脂質 56.3g、カルシウム 81mg、リン 830mg

カボチャの種
脂質 51.8g、カルシウム 44mg、リン 1100mg

クルミ（いり）
脂質 68.8g、カルシウム 85mg、リン 280mg

動物質

シマリスは雑食性の動物です。主に植物質の食べ物を食べますが、動物質も食べ、野生下では特に夏場によく食べています。

動物質の食材は良質なタンパク源となります。実験動物用飼料（マウス・ラット用）やシマリス用・ハムスター用ペレットに動物質の原材料が使われています。

動物質の食材は数日に1回程度与えるのでいいですが、前述したように季節性の行動や体の変化の大きな動物ですので、野生下で動物質をよく食べる夏場には、やや多めに与えてもいいでしょう。

生き餌を与えることができれば、環境エンリッチメントにもなります。

ドングリやクリを室内で保存していると、幼虫が出てくることがあります。ゾウムシの仲間の幼虫で、親がドングリやクリの内部に卵を産みつけたものです。この幼虫もシマリスに与えて問題ありません。

【動物質の例】

ミールワーム、コオロギ、ゆで卵、カッテージチーズ、ヨーグルト（無糖）、ペット用チーズ、ペット用ジャーキー、ゆでたササミ、ヤギミルクなど

【与えるさいのポイント】

野生のシマリスは生きている昆虫を捕食していますが、飼育下でむやみに屋外にいるセミやバッタなどを捕まえて与えるのはやめておきましょう。汚染されていたり、寄生虫がいるリスクもあります。

生き餌としては、ペット用に売られているミールワームやコオロギなどがあります。ミールワームは小動物を扱うペットショップにあることが多く、そのほかの生き餌は爬虫類専門店で扱っています。

ミールワームはカルシウムとリンのバランスが悪いので、しばしば与えるならプラケースにふすまや乾いたパン粉を床材として厚く敷き、そこにミールワームを入れ、ペレットや水気を切った野菜くずなどを与えて栄養価を高めてから与えます。

生きているものを扱うのが苦手な場合には、割り箸やピンセットを使うほか、処理されたミールワームやコオロギも市販されています。

ミールワーム
生き餌は餌を与えてから。缶入りやドライタイプもあり。

ゆで卵
全卵与えられますが、太りぎみなら脂質が微量の卵白を。

ヨーグルト
無糖のプレーンタイプを選びましょう。

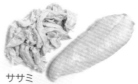

ササミ
鶏のササミはしっかりとゆで、さましてから。

カッテージチーズ
チーズのなかでも脂質の少ないタイプです。

そのほかの食材

そのほかにシマリスに与えることのできる食材としては、豆類、野草やハーブなどがあります。

豆類は大豆や小豆、グリーンピースなどがあります。与えるなら必ずゆでたものを。豆の水煮や、冷凍のグリーンピース（ミックスベジタブル）などが利用できます。豆類の一種としては豆腐も与えられます。

野草は野生下でも食べているものです。タンポポ、ナズナ、クローバー、オオバコ、ハコベ、ヨモギなどを与えられます。

野草を屋外で採取するときは、除草剤、排気ガスや犬猫の排泄物などで汚染されていない場所で摘んでください。野草のなかには毒性のあるものもあるので、絶対に安全だとわかっているものだけを与えるようにしてください。

ハーブは人が料理に使うミントやバジル、カモミール、イタリアンパセリなどを与えることができます。

野草もハーブも薬効成分があるものなので、同じものを大量に与えるのはやめておきましょう。ウサギ用などで乾燥タイプの野草やハーブも市販されています。水分が抜けている分、薬効成分も凝縮されているので、与えるときは少しずつにしてください。

野生のシマリスはサクラの花なども食べています。経験上、ソメイヨシノの花を与えると喜んで食べ、体調に問題もないようでした。エディブルフラワーもメニューに加えることができそうですが、与えている方は多くはないと思われますので、十分に検討してからおすすめします。

ミツバチが集めた花粉をミツバチの出す酵素で固めたビーポーレン、樹液を固めた樹液ブロック（小動物用）などはフクロモモンガやデグーなどに与えられているものですが、シマリスの野生下での食性にも合っており、取り入れることができるかもしれません。

【注】与えたことのないものを与えるときは、シマリスにとって害がないものかをよく調べたうえで、最初はごく少量ずつ様子を見ながら与えるようにしてください。

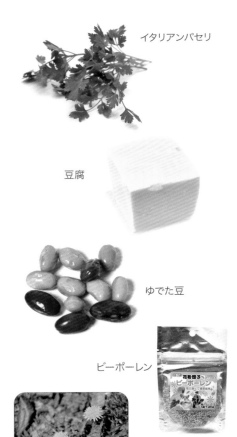

イタリアンパセリ

豆腐

ゆでた豆

ビーポーレン

タンポポ

ドングリについて

ドングリはブナ科の木の実のことで、落葉樹のコナラ、ミズナラ、カシワ、クヌギ、クリなど、常葉樹のアカガシ、イチイガシ、アラカシ、シラカシ、マテバシイ、スダジイ、ウバメガシ、ウラジロガシ、ツブラジイ、ブナ、イヌブナなどの樹木に実ります。

エゾシマリスはミズナラのドングリをよく食べ、冬眠巣にも貯蔵します。カシワのドングリも食べています。同じリスの仲間でもニホンリスはドングリをほとんど食べません。

ドングリはもともとシマリスが非常に好む食べ物であるため、殻をむく、頬袋にしまう、貯蔵するといった行動が促され、環境エンリッチメントにもつながる食材です。

栄養面では、エネルギー源になる栄養素であるデンプン質（炭水化物）が多く含まれます。タンニンが多いという特徴もあり、タンニンは大量に摂取すると、消化効率が下がったり、腎臓や肝臓に負担がかかったりします。

特にミズナラはタンニンが多いことが知られています（ほかにはカシワ、シラカシ、アベマキ、コナラが多い）。エゾシマリスはタンニンの多いミズナラを食べていますが、なぜ大丈夫なのでしょう。

アカネズミを用いた研究では、ミズナラのドングリを少しずつ食べることで体が慣れる（唾液の成分や腸内細菌が変化）ということがわかっています。エゾシマリスはほぼ通年にわたってドングリを食べているので、問題がないのではないかと思われます。

飼育下のシマリスはそういった環境にはありませんし、タンニンにリスクがあることもわかっていると不安もあるかと思います。ドングリを与えるなら、タンニンがごく少ないマテバシイやスダジイ、ブナ、クリなどを与えるのが安心でしょう。

ドングリの入手方法としては森林や公園などで落ちたドングリを拾うのが一般的ですが、私有地なら所有者の了解を得てからにしましょう。公園などでは薬剤散布などされていないか確認しておきましょう。拾ってくるのは少しだけにし、また、古そうなものはやめておきましょう。

なお、ドングリの内部にいる幼虫が発生しないようにするには冷凍しておく方法があります。与えるときは常温にしてからにしてください。

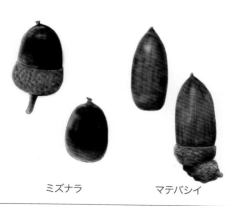

ミズナラ　　　　　マテバシイ

スダジイ　　　　ブナ

飲み水

水は生きていくのに不可欠なもの

水は生き物が生きていくうえで欠かせないものです。動物の体は60〜70％ほどが水分で構成されています。

シマリスが一日に飲む水の量は7.5〜10mL（体重100gあたり）とされています。食べているものの水分が多いと飲む量は減りますし、暑かったり空気が乾燥しているとき、妊娠中や授乳中には飲む量が増えます。

与える水の種類

水道水を与える

日本で飼育しているなら、水道水をそのまま与えても問題ありません。水道水には衛生面に配慮して塩素が少し、残っています。そのため塩素のにおいが気になることもあるかもしれません。水道管や貯水タンクの劣化などで水質が落ちていることもあります。

飲み水は新鮮なものを。
一日1回は交換しましょう。

そのままだと気になる場合は汲み置きをします。ボウルなど口の広い入れ物に入れて一晩、置いておきます。日光に当てたほうが効果的です。また、煮沸する方法もあります。沸騰したらやかんの蓋を開け、換気扇を回しながら10分以上、沸騰させます。常温に冷ましてから与えます。

水道に浄水器を取り付けてろ過した水を与えることもできます。カートリッジの交換やホースの掃除は適切に行ってください。ポット型の浄水器もあります。

ミネラルウォーターを与える

ミネラルウォーターを与える場合は、カルシウムとマグネシウムの含有量が多い硬水ではなく「軟水」を選んでください。

水の与え方

給水ボトルで与えてください。最低でも一日に1回は交換しましょう。

塩素を抜いたり入っていない水は細菌繁殖しやすくなるので、水を何日も替えないようなことのないようにしてください。

給水ボトルの掃除も適宜、行いましょう（118ページ参照）。

給水ボトルを使わない場合や、飲み方を覚えない場合、高齢になるなどして飲みにくくなった場合は、受け皿が付いたタイプの給水器やお皿を使って与えます。食べかすや排泄物などが入ることがあるので、水はこまめに交換しましょう。

食事の工夫と注意

食事に取り入れる環境エンリッチメント

採食行動に時間をかけるのが本来のシマリスの姿です。食事の与え方などに工夫をすると、シマリスにさまざまな行動を促すことができるでしょう。ケージのサイズや室内の状況、シマリスの個性や慣れ具合など家庭ごとに事情は異なりますが、それぞれのシマリスに合った楽しい食事の時間を提供してあげるとよいでしょう。

食べ物探し（フォレイジング）

フォレイジング（foraging）とは「探餌行動」という意味で、近年はインコやオウムなど鳥の飼育によく取り入れられているものです。食べ物を探し回る行動が必要なのはシマリスでも同じこと。運動量も増えますし、頭を使うとてもよい刺激になります。

たとえば、ケージ内なら食器をいくつか用意してあちこちに設置するのもいいでしょう。

同じ食材でも、生で、加熱して、形を変えて！

シマリスはケージ内のいろいろな場所に移動しないと食事ができないというわけです。食器に入れず、ステージの上やパイプの中、隠れ家の中に食べ物を置くのもありでしょう。

ケージから部屋に放しているなら探索範囲は広くなります。もちろんシマリスが活動して安全な場所に限られますが、あちこちに食事を置いて、探してもらいましょう。

ウサギ用の飼育用品によくある、わらや牧草で編んだボールや隠れ家などの、網目の隙間に好物を押し込んで探させるのもいいでしょう。シマリスがかじっても比較的安心な、わら半紙のような紙を折って食べ物を隠しておくこともできます。

フォレイジングトイも使うことができるでしょう。小さな引き出しに好物を隠しておき、どうやって開けるかを考え、行動しなくてはならないものや、小さな穴の開いた容器を転がすと中に入っている食べ物が出てくるなど、いろいろな種類があります。

あれ？と思わせる工夫

たとえば、いつもニンジンは生で、サイコロ型にカットしているとします。それを、ゆでたものにしたり、ピーラーで薄くむいたものにしただけでも、「いつもと違う」という刺激になります。

ケージ内の食器を置く場所を時々変えてみるのも、「どこにあるんだろう？」と頭を使うことになります。

前述のフォレイジングも、いつも同じだと慣れてしまうので、時々新しい方法を取り入れたり、以前にやっていたものを復活させたりしてみましょう。

虫を捕まえる

生きたミールワームやコオロギなどをシマリスが捕まえて食べられるようにするのも、よい刺激になるでしょう。虫が逃げても困りますので、深さのある衣装ケースなどを使うのもひとつの方法です（通気性は確保する）。

貯食する

飼い主がなにか準備しなくてもシマリスが本能的に行うことですが、食べ物を貯め込むのも重要な採食行動のひとつです。食べ物を見つけ、すぐ食べたほうがいいか考え、傷みにくいものは貯食します。

こうした食べ物をずっと放っておくこともできませんが、水分の少ないものなら少しそのままにしておくと、「自分で隠した食べ物を記憶やにおいに頼って探す」こともできるでしょう。

注意したほうがいい点

ここに挙げた工夫はごく一例なので、いろいろな工夫を取り入れてみてほしいと思います。ただし、無理はしないでください。高齢だったり成長期などは、探すのに体力を消耗するよりもしっかり食べてくれたほうがいい場合もあります。健康な個体の場合でも、毎日なにかしなくてはいけないわけではないので、飼い主も楽しめる余裕のあるときにやりましょう。

食べ物をあちこちに分散して与える場合、どのくらい置いて、どのくらい食べているのか量の管理も大切です。きちんと食べられてい

るのか、体格や体重のチェックを。

秋冬に気が荒くなっているシマリスには取り入れないほうがいいかもしれません。冬眠シーズンは、「いつでも食べ物がそこにある」ことに安心すると思われます。

フォレイジングトイを使う場合は、かじっても問題ないものを使ってください。また、たとえばハンモックの上に食べ物を置いたとき、布までかじってしまうことはないかもチェックが必要です。ステージなど木製品の上に食べ物を置く場合、水分の多いものをいつも同じところに置いているとカビが生えたりするので注意してください。

なにより安心・安全が大切です。

ほっぺをパンパンにして、へやんぽ中です。

「おやつ」について

食事のなかの大好物が「おやつ」

　私たちは通常、自分たちの「食事」と「おやつ」を区別し、おやつはお菓子やスナックなどのことだと考えています。そしてシマリスにも「食事」のほかに、（人でいえばお菓子やスナックにあたるような）「おやつ」を与えようとすることが多いようです。

　ところがシマリスは食事とおやつを別のものだとは思っていないので、人のように「おやつを食べすぎたから食事を減らそう」「食事の前だからおやつは控えよう」とは思ってくれません。そして飼い主側も、おやつなんだからおやつっぽいものを、と思って、ヒマワリの種などを食事とは別に与えようとしがちです。こうなると、栄養バランスが悪くなったり、肥満になったりする心配があります。

　そうならないため、「その日の食事の中で最もシマリスが好きなもの」を「おやつ」と考えることをおすすめします。多くの場合はナッツ類や果物が大好きですが、もしペレットが好きならペレットも立派なおやつです。

おやつの役割

　その日の食事のなかの大好物（おやつ）は、シマリスとのコミュニケーション手段として使いましょう。（149ページ参照）

　そのほかにも、室内で遊ばせていたシマリスをケージに戻すために誘導するときに使うこともできるでしょう。

　少し食欲がないかなというときにおやつをあげることで食欲が増すきっかけになることもあります（体調不良で食欲がないときは動物病院で診察を受けてください）。

　また、一度食べ始めたら熱心に食べているようなおやつなら、その間に塗り薬を塗ったり、後ろ足の爪を切るといったこともできるかもしれません。

「おやつの音」は教えよう

　おやつを密閉容器などに入れて保存し、そこから与えていると、おやつがカタカタいう音を覚えてしまうものです。音を聞くとすぐに人のところに来てくれるようにしておくと、たとえば、部屋のどこに隠れているかわからないときに、音に反応して出てきてくれたり、行ってはいけない場所に行こうとするのをやめさせたりできることがあります。

　そこで、ナッツ類などは容器に入れておいてそこから出すようにする（与えすぎにならないよう気をつけて）などして、必ずシマリスの気を引くことのできる音を覚えてもらうといいでしょう。

危険な食材／注意が必要な食材

毒性があるもの

チョコレート

テオブロミンなどの成分が中毒の原因となります。嘔吐、下痢、興奮が見られたり、昏睡、死亡する危険もあります。

テーブルに出っぱなしにしないよう気をつけましょう。箱などに入っていても、箱を破って中身を食べてしまうこともあります。

ジャガイモの芽、緑色の皮

ソラニンやチャコニンなどの成分が中毒の原因となります。吐き気や下痢などの胃腸障害、重度では神経麻痺が起こります。

ジャガイモは常温保存されていることも多く、シマリスが台所にも行けるようになっていると、かじってしまう危険があります。

ネギ類

ネギやタマネギなどに含まれるアリルプロピルジスルフィドという成分が原因です。元気がなくなったり、貧血や下痢、血尿などの腎障害が見られます。

シマリスではあまり考えられませんが、ネギ類を煮たスープも危険です。

アボカド

ペルシンという成分が原因です。嘔吐、下痢や、肺のうっ血、乳腺炎などが知られています。

人が食べるさいに常温に置いて追熟させることがありますが、シマリスの行動範囲には置かないようにしてください。

輸入ナッツのカビ毒

ピーナッツの殻などにつくカビからアフラトキシンというカビ毒が発生することがあります。発がん性が知られています。輸入ナッツ類の検疫時の対象となっている物質ですので、通常は遭遇することがありません。

流通経路がよくわからないものは与えないようにしましょう。なお、国産品からは検出されていないということです。

サクランボの種について

バラ科サクラ属の植物であるアンズ、ウメ、サクランボ、モモ、スモモ、ビワ、アーモンド（食用ではないもの）などの種子にはアミグダリンという毒性があり、嘔吐や肝障害、神経障害などを起こすとされています。

一方、エゾシマリスはエゾヤマザクラなどの実を食べています（果肉は食べずに種子を食べる）。著者の経験上も、サクランボ（国産）を与えるとやはり果肉は食べず、種子だけを食べています。サクランボばかりを食べているのではないなら、問題はないように考えています。

ただし、不安なら与えないようにしてください。また、大きな種子（アンズやモモ、ビワなど）は、与えないほうがいいでしょう。

注意が必要なもの

人の食べるもののほとんど

人とシマリスで共通して食べられるものは、野菜や果物をはじめ96〜100ページで紹介しているようなジャンルのものだけです。

人が食べるお菓子、調理してあるもの、加糖されたものや塩味がついているもの、油脂、香辛料が使われたもの、コーヒーやお酒といった嗜好品などは与えないでください。

人の食事中にも放し飼いをしていると、こうしたものを口にする危険もあります。衛生面も考え、食事中にはシマリスをケージに戻してください。

牛 乳

牛乳に含まれている乳糖という成分を分解できずに下痢をすることがあります。

ミルクを与える場合は、乳糖を調整してあるペットミルクやヤギミルク(ゴートミルク)を与えます。

ホウレンソウ

栄養価が高い野菜ですが、カルシウムの吸収を阻害するシュウ酸が多く含まれています。避けたほうがいいでしょう。

頬袋を傷つけそうなもの

シマリスは食べ物を頬袋に入れる習性があります。鋭く尖ったものは頬袋を傷つけるおそれがありますし、べたつくものも与えないほうがいいでしょう。

傷んでいるもの

食べ残しの野菜や果物は放置しておかずに捨てましょう。

与える食材についても、傷んでいるところがないか、消費期限のあるものは期限に問題ないかなど確認してください。

熱すぎるもの、冷たすぎるもの

ゆでたりレンジで加熱したものを与えるときや、冷凍してあるものを与えるときは、常温になるまで待ってから与えてください。

人が食事をしているときは、シマリスをケージに戻しましょう。

新しい食べ物は徐々に与えて

毒性などがなくても、それまでに食べたことのないものを急に大量に食べると下痢をするなどの心配があります。新しい食材はまず少しだけ与えて様子を見ましょう。

特に子リスでは注意してください。まずは基本の食事であるペレットや雑穀類に食べ慣れさせましょう。それ以外のものはある程度成長してから徐々に与えてみてください。

食事のQ&A

Q① サクラの花はあげても大丈夫ですか?

A 野生のシマリスはサクラの花も食べています。個人的な経験としては、ソメイヨシノの花を複数回、与えたことがありますが、問題は起きませんでした。おいしそうに食べているようでした。サクラの花を与えるさいに気をつけたことは、落ちたばかりの花を拾うことです。犬や猫などがいるところでは汚染されている可能性もありますので、できるだけきれいなものを選びます。当然、まだ枝についている花を取ってはいけません。

Q② ペレットを別のものに変えたら食べなくなりました。どうしたらいいですか?

A 食べたことのないものに対しては慎重になるものです。特にペレットはあまり好んで食べない個体も多く、せっかく食べ慣れたのに急に別のものに変わってしまうと拒絶するということが起こります。ペレットを切り替えるときは、現在与えているものを少しだけ減らし、その分、新たに与えたいものを加え、その割合を徐々に変えていって切り替えるというのがいい方法です。

食べてくれないペレットを食べてもらうには、シマリスが大人で健康状態に問題がないなら、食べてほしいペレットだけを食器に入れ、食べてくれるまで持久戦に持ち込むという方法があります。ただ、飼い主が根負けして別の食べ物を与えてしまうというのもよくありますし、すでに巣箱に隠してあるナッツ類などを食べていたりもするので、なかなか難しいものです。ペレットを細かく砕いて副食に混ぜたりふりかけたりして、ペレットのにおいや味に慣れてもらうのがいい方法のひとつでしょう。

Q③ 成長期には特別な食べ物が必要ですか?

A 成長期に大切な栄養はタンパク質やカルシウムですが、栄養バランスが偏りすぎるのもよくありません。基本的には適切な食事(90ページ)を与えたうえで、動物質の食材をやや多めに与えるようにします。幼いうちだとペットミルクが選択肢になるでしょう。

食事に関して成長期に大切なことは、いろいろな食べ物に慣らし、食べられるものの幅を広くすることです。あまり幼いうちにいろいろなものを与えると下痢をするようなこともあるので、体つきがしっかりしてきたら、いろいろな野菜や果物などを一度にごく少しずつ、与えていきましょう。排泄物の状態も見ながら行ってください。

Q④ 塩土はあげたほうがいいのですか?

A 塩土は赤土などにナトリウムやカルシウムなどのミネラルが含まれ

た固形の副食で、ミネラル補給が目的です。もともとはレース鳩用だったものが、インコなどの小鳥にも与えるようになったようです。古い飼育書だとシマリスやハムスターなどの小動物にも与えると書いてあるものもあります。今でも与えている家庭もあるようです。かじる楽しみもあるのではないかと思われます。

ただ、現在は栄養バランスのとれたペレットもあり、さまざまな副食を与えることで必要なミネラルは摂取できると考えられます。塩分の過剰摂取を心配する声もあります。塩土は「与えなくてはならない」という種類のものではありません。すでに与える習慣がある場合は、ケージに入れたままにせず、時間を決めて与える、排泄物などで汚れたところは削り取るといったことに注意します。

クリから出てくる虫を食べさせてみましょう。

かご付きバケツのような形状の容器のかごにクリを入れておくと、でてきた栗虫がかごの下に落ちてきます。かごの中のクリからは水分が出るので、そのままにしておくと腐ったりカビが生えてしまいます。こまめに水分を拭き取るようにします。キッチンペーパーを一緒に入れておいて水分を吸い取ったら交換するという方法もあります。

Q5 クリから出てくる虫がたくさんいますが、保存方法は?

A クリから出てくる幼虫は「栗虫」と呼ばれています。ドングリやクリから出てくるゾウムシの幼虫が大好物だというシマリスも多いようです。買ってきたクリを常温で放置しておくと中から出てきます。かなりの量が出てくるので、一度には与えられません。出てきたばかりのものを生き餌として与えるのもいいですし、すぐに与えないものは小分けして冷凍保存し、そのつど常温に戻して与えるといいでしょう。

栗虫を集めたいときは、燻蒸処理などをしていないクリを購入しましょう。

Q6 動物なら危険な食べ物は本能的にわかるのでしょうか?

A そんなことはない、と思っておくのが賢明です。たとえば、チョコレートは小動物にとっては毒性がありますが、与えれば食べてしまいます。自分から食べようとするものなら問題ない、とはいえません。

与えようとする食べ物が安全なものかどうかは、飼い主が確認しましょう。安全だとわかっているものを与えてください。インターネットで、さまざまな情報が簡単に入手できますが、そのさいはどんな根拠があるのかを確かめることを習慣づけるといいでしょう。

Q7 冬に備えてたくさん食べさせたほうがいいのですか?

A 冬眠準備のためにたくさん食べて脂肪を増やし、冬眠中はそれをエネルギーにする動物もいますが、シマリスはそうではありません。食べ物を貯蔵しておき、それを食べて冬を乗り切ります。基本的には、秋冬でも食事量を増やす必要はありません。

飼育下では、冬眠準備を始める秋から冬にかけて、シマリスの食事に関するこだわりがみられることがあります。ひとつは、よく食べるようになって太る個体です。与えた食べ物がすぐになくなってしまうからといって追加で与えすぎないようにしてください。もうひとつは、貯食することばかりに夢中になり、かえって痩せてくる個体です。痩せてしまう個体では栄養不足が心配です。必要に応じてペットミルクでふやかしたペレットなど、その場で食べるしかないものを補助的に与えるのもいいでしょう。

Q8 ブドウはあげても大丈夫ですか?

A ブドウやレーズンを犬に与えると急性腎不全を起こすことが知られており、死亡することもあります。原因はまだはっきりわかっていませんが、犬に与えてはいけない食材のひとつになっています。猫でも与えない食材とされるケースが多いようです。

シマリスにブドウを与えたことのある方も多いでしょうし、ウサギやチンチラなどの小動物に与えて問題が起きたという情報は今のところありません。野生のシマリスはヤマブドウも食べています。こうした情報から判断するしかありませんが、犬のように動物の種類によっては問題が起きることは、知っておく必要があるでしょう。

Q9 アブラナ科の野菜は与えないほうがいいのでしょうか?

A コマツナ、キャベツ、チンゲンサイをはじめ、アブラナ科に属する野菜の種類は多く、また入手もしやすいものです。人が使う食材としていつも野菜室に入っているということも多いですし、シマリスの食事メニューに加えているケースもよくあるでしょう。

アブラナ科では、含まれているグルコシノレートという成分が体内で変化すると甲状腺障害を起こす成分に変わるとされています。ただ、その一方ではグルコシノレートには抗ガン作用などのよい作用も知られています。

アブラナ科の野菜を与えることに問題はありませんが、そればかりを連日、たくさん与えるのはやめておいたほうがいいでしょう。たとえば、ある日の野菜メニューとしてはキャベツ(アブラナ科)、ニンジン(セリ科)、カボチャ(ウリ科)を与えるなど、いろいろな種類から選ぶといいですし、こうして選ぶのも楽しいものだと思います。

わが家の工夫【食事編】

ペレットは複数のメーカーのものを食べさせています。 尿と便のチェックのために着色料が入っていないものにしています。普段からいろいろなものを食べていたほうが、食欲が落ちたときや高齢になったときに、食べられるものが用意しやすいかと思っています。

ショップから迎えたシマリスが寄生虫で下痢をしてしまい、血便も出ました。なんとか通院で完治しましたが、その後も生の果物や野菜でお腹を壊すことが多くありました。毎日乳酸菌のサプリメントを食べさせ、生のものはなるべく避けてドライのものを与えていました。サプリメントも錠剤のままだと貯蔵して放置するので、ぬるま湯で溶かしてスプーンでペロペロさせていました。　（トロさん）

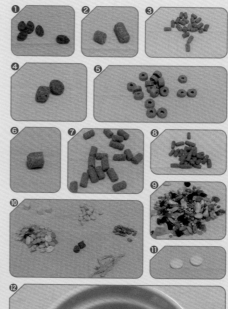

現在のわが家のシマリスの一日、一匹分の食事を説明します。
ペレットは、❶ハムスターフード ヘルシープレミアム（日本ペットフード）、❷彩食健美 ハムスターブレンド ゴルハム専用（GEX）、❸ハムスターセレクション（イースター）、❹ハムスタープレミアムフード forゴールデン（GEX）、❺ハムスター 恵（ハイペット）、❻CR-LP（LPF）（オリエンタル酵母）、❼アニマルプレミアムパック ハムスターの主食（NPF）、❽シマリスプラス（SANKO）、これらをそれぞれ写真の分量を与えています。そこへ❾ナチュラルラックス リス（ピーツー・アンド・アソシエイツ）、❿副食は左上から時計回りに、みんなのレストラン ひとくちチーズ、イーハトーブの雑穀 はとむぎ（※人間用）、ビーポーレン、サニーメイド 青パパイヤ、オイラ達『虫好きなんです!!』、小動物の食事 15種の雑穀ミックス、⓫アリメペットです。⓬これらをお皿に入れたところ。まんべんなく食べ、一部は貯蔵しています。

ある程度でペレット（特にシマリスプラス）を食べなくなるので、ミルワームにシマリスプラスや摂って欲しい栄養を与えて、そのミルワームを食べさせています。　（ゆきんこさん）

あげすぎないこと。ぷくぷくしていると可愛いけれど、どの動物にとっても太りすぎは健康によくないはずなので、太らせないように気をつけています。　（まりーぬさん）

野菜や果物の種が好きなので、料理のさいに必ず取っておいて、食事と一緒にあげています。なかでもメロンの種が大好きです。秋はどんぐりを拾って、どんぐりと中の虫をあげたりしています。
（cocoaさん）

冬に貯食で食べなくてなってしまうときは、白エゴマやカナリヤシードをすり潰して与えていました。すり潰すと貯食せず食べてくれます。豆腐、煮干し、卵、ヨーグルト一切食べてくれなかったので、栗農家から虫付き栗を購入して一日3匹程度与えていました。余った虫は冷凍保存して、その都度、解凍後与えていました。（ベンジーさん）

家庭菜園で作ったブルーベリーをあげています。また、ヒマワリを育てて、種を取って天日干ししてからあげています。　　　　　　（まめさん）

歯が健康であれば、通常のシマリス用やハトの餌をあげます。果物は、毎日一種類はあげるようにしていて、ワイルドストロベリーは自家栽培をしています。歯が弱い子には、状態に応じて、食べ物を少し柔らかくしてあげる、でも種をかじりたい衝動があるときは、殻を少しハサミで切ってあげるなど、人の手を少し加えて、食べやすいようにしています。　　　　　　　（ここなぎさん）

歯が弱く脱毛のある子ですが、自分で持って食べています。

クルミを収穫してきて、あげています。
（松田登志子さん）

ヒマワリの種を部屋のあちこちに隠して、食べ物探しゲームを楽しんでいます。
（かりんとうママさん）

固形の生ものは食器に入れておくと巣に持って帰ることがあるので、小さくひとつずつ手渡しをし、食べきったら追加で渡すようにしています。夏は動物性タンパク質を多めに、秋は貯食しやすい種類を多めになど、季節や行動に合わせて変化させています。　　　　　（シマリストきむらさん）

偏りのないようにと、かなり種類を多めにしています（量ではありません）。ナチュラルラックスがメインですが、乾燥野菜、バランスミックス、ゼリー、鳥のご飯、乾燥果物などなど。それに生野菜や果物、ミルワーム、おやつ（いろいろ）をバランスよくあげているつもりです。ミニトマトやキュウリ、ヒマワリなど、自宅の庭で作れるものは作っています。クルミなどは殻つきで購入。少しだけ割れ目を入れてかじってもらえるようにしています。モチキビなど穂系は切り株に立ててあげています。　　　　　　　　　（masatoさん）

ペレットを食べない場合は、ペレット団子（ふやかしてナッツなどの好物を擦り下ろし少し加えたもの）にして味に慣れさせます。歯が悪くなった子には、上記のペレット団子を柔らかく作ったり、ベビーフードの野菜フレークなどを活用します。

　　　　　　　　（Bikke the chipさん）

❶ペレット適量と好物のナッツ等を用意する（ナッツをすり下ろす用に薬味おろしを代用しています）。

❷ペレット全体が浸るようお湯を注ぎ、ナッツを削る。

❸蓋をして2〜3分ふやかす。

❹ふやかしたペレットを潰す。

❺すり下ろしたナッツと混ぜ合わせる。

❻シマリスが持ちやすいサイズ1cm程度に丸めて完成。

※時間が経つと固くなるため、歯が悪い個体や高齢な個体にはお湯の分量を増やし、ペースト状にして与えていました。

ウインク上手な
イケメンくん!

小さなお手て
にキュンです

まっすぐな
視線の先は
大好きなママ

「ねえ〜、お願い!」
の
かわいいポーズ?!

快眠のために
ベッドメイクは
真剣!

うんま〜い!!
たまらな〜い!!

Chipmunk
Photo Studio
2

シマリスの世話

基本の世話

毎日行う世話

シマリスとの暮らしに欠かせないのが毎日の世話です。やるべき世話には、掃除、食事、健康チェックのほか、個体に応じた運動やコミュニケーションといったものがあります。掃除をせずケージ内が不衛生な状態になっていたり、不適当な食事を与えていたりすれば、病気になりやすかったり、シマリスがストレスを感じます。不適切な運動やコミュニケーションもストレスの原因となります。どんな世話もすべてが大切なものです。

家庭ごとの手順を決めておこう

毎日のやるべきことは同じでも、どういった手順で行うかは、飼い主の生活時間、シマリスのケージの使い方、シマリスとのコミュニケーション状況などによって異なります。それぞれの家庭に合った手順でお世話をしてください。世話をする時間帯や順番は基本的には一定に定めておくといいでしょう。「この時間帯に元気がないのはおかしい」など、シマリスの変化にも気づきやすくなります。

毎日の手順の一例

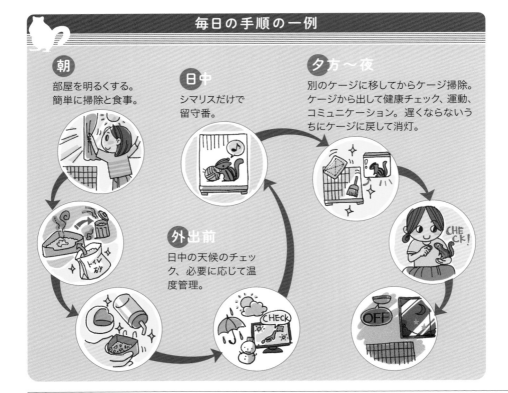

朝
部屋を明るくする。簡単に掃除と食事。

日中
シマリスだけで留守番。

夕方〜夜
別のケージに移してからケージ掃除。ケージから出して健康チェック、運動、コミュニケーション。遅くならないうちにケージに戻して消灯。

外出前
日中の天候のチェック、必要に応じて温度管理。

シマリスの生活時間にも配慮して

野生のシマリスは、夜明けとともに活動を開始し、日が暮れるまでには巣に戻るという生活をしています。日暮れまでにすべての世話を終え、シマリスをゆっくり休ませる、というのが理想的ではあります。しかし飼い主も社会生活を行っている以上、なかなかそうはいかないかもしれません。できるだけシマリスの生活を邪魔しないように考えながら、世話やコミュニケーションを行うといいでしょう。

ここでは、日中は出かけている場合を例に見ていきましょう。

毎日の世話の内容

❶朝になったら部屋を明るくして

昼行性のシマリスにとって朝は大切です。朝になったらカーテンを開けてシマリスのいる部屋を明るくしましょう。朝、自然光を感じることで体内時計がリセットされます。防犯などの問題がなければ夜、寝る前にカーテンを開けておけば自然と部屋を明るくできます。日当たりがよくない部屋なら電気をつけて明るくしましょう。

❷トイレの掃除と健康チェック

トイレ掃除をしながら、排泄物の状態を確認します。トイレ砂などの汚れたところだけ、あるいは全部を捨てて、新しいトイレ砂を補充します。トイレの位置を覚えたばかりなら、汚れた部分を少し、残しておくといいでしょう。

トイレ容器に排泄をしなかったり、トイレ容器を置いていない場合は、汚れた床材などを捨てて補充しておきます。

排泄物の掃除をするときは、尿の量や色、便の大きさや量などに異常がないかをチェックしてください。色のついているトイレ砂や床材だと、色の異常がわからないことがあります。正常なときの様子を覚えておきましょう。

トイレ容器の出し入れをするさい、シマリスが人の手を怖がっていたり、気が荒くなっているときは、トイレの世話だけであってもプラケースなど別の容器に移動させてから行うか、食べ物を与えて食べている間にトイレ掃除する方法もあります。

❸食事と健康チェック

昼行性のシマリスにとっては、日中の食事が「メインディッシュ」ということになります。朝のうちに主食と副食をケージに入れましょう。

まずはケージ内にあった食器を取り出して食べ残しがあれば捨てます。いつも同じものを食べ残すのは単なる好き嫌いの場合もよくありますが、いつも食べているものを残しているのは食欲がないせいだったり、歯のトラブルがあって硬いものを避けていることもあります。

コミュニケーションのために食べ物を使う予定があるなら、主食や副食から取り分けておくようにすると、食事の与えすぎを防ぐことができるでしょう。

食事をケージ内に入れたときの食欲も観察してください。通常はすぐに食べ始めるものです。【食事内容についてはchapter4を参照】

❹飲み水を与える

給水ボトルに水が残っていても毎日、必ず交換しましょう。流水でよくゆすぎます。ノズル（飲み口）部分に食べかすがついていることがあるので、こすり洗いをするほか、水を流しながら先端のボール部分をつついて、ノズル内部も洗い流します。

新しい水を入れてケージにセットします。水が出ることを確認しましょう。

お皿で水を与えている場合は、朝に限らずこまめに交換します。

❺日中（夜間）の温度チェック

特に夏場、日中にシマリスだけで留守番させるなら、テレビ番組の天気予報コーナーや天気予報アプリなどでその日の最高気温を確認しましょう。必要に応じてエアコンをつけて外出したり、暑くなる時間に作動するようタイマーをセットしておきます。4月下旬や10月初めでも最高気温が30℃を超えることもあるので気をつけましょう。

冬場だと夜間に外出するときの最低気温も確認を。エアコンを暖房にするなどの対策をしておきましょう。

ボロ…

ケージ内で使う布製品のほつれは
事故のもとです。

❻メインのケージ掃除

朝でも夕方以降でも、時間が十分にとれるときにケージの掃除をします。シマリスは別の容器に移しておいたほうが落ち着いて掃除できるでしょう。

トイレの掃除のほかに、排泄物や食べかす、巣材のかすなどで汚れた床材を捨てて補充します。ケージの隅、回し車、ステージなどが尿で汚れている場合は、汚れを取り除いてからペット用の除菌消臭剤をかけていねいに拭き取ってください。

シマリスのなかにはケージの金網につかまって排泄する個体がいます。ケージ周囲が汚れていたら掃除しましょう。金網をつたって落ちた尿がケージのトレイ部分と金網部分の間に入ってにおいの原因になることもあるので、こうした習性がある個体の場合は、まめに掃除したほうがいいでしょう。

❼布製品の安全点検

ケージ内でハンモックなどの布製品を使っている場合には、かじっていないか、糸がほつれたり縫い目がゆるんで爪が引っかかりやすくなっていないかを確認しましょう。かじる個体には布製品は向いていないので、使わないようにしてください。ほつれなどがあるときはいったんケージから出して修繕し、危なくないようにしてから戻してください。

❽部屋に出す場合

ケージから部屋に出して走り回らせたり、コミュニケーションをとったりするときは、ケージから出す前に、戸締まりできているか、危険なものが出したままになっていないかなど、

必ず室内の安全確認をしてください。【コミュニケーションについてはchapter6を参照】

❾健康チェックを日課に

　トイレ掃除をしながら排泄物のチェック、食事を与えながら食欲のチェックをするほか、運動している様子を見ながら体の動きがおかしくないかなどをチェックしてください。体をなでることができるなら、好物を与えたりしながら体にふれて健康チェックを行いましょう。

❿夜は暗くして休ませて

　シマリスは本来なら日暮れには巣に戻っている動物です。コミュニケーションの時間がどうしても夜になってしまう場合でも、遅くならないうちに就寝してもらいましょう。

　ケージのある部屋の電気を消すのが簡単な方法です。飼い主はまだ起きていて電気をつけているなら、ケージにカバーをかけるなどするといいでしょう。

お部屋の散歩中におやつを楽しんでいます。

【注意】ケージにカバーをかける場合、爪の引っかかりやすい布製品だとケージ内に引き込んでしまうことがあります。ポリエステル生地など爪が引っかかりにくいものにしたり、ダンボールで覆うのもいいでしょう。

　ペットヒーターなど電気製品をケージ内外で使っている場合は、火災の原因にならないよう気をつけてください。

　ケージのすべての面を覆ってしまうと風通しが悪くなりますし、気温が高い時期やペットヒーターを使っているときなどには暑くなりすぎることもあります。どこかの面は覆わないようにするといいでしょう。シマリスが休んでいる巣箱の部分が暗くなるようにしてあげてください。

⓫遊ばせたあとは室内チェック

　室内で遊ばせているときに排泄をするシマリスもいます。不衛生でもあり、においの原因にもなるので、シマリスが遊んでいた場所を確認し、掃除しておきましょう。

　室内のあちこちに食べ物を隠すシマリスもいます。放っておくと虫が湧いたりするので、片付けてください。

世話にあたって気をつけたいこと

毎日の掃除はほどよい程度に

　毎日の掃除では、そのままにしておくと不衛生だったり、においの原因になったり、目に見えて汚れているところだけをきれいにするようにします。シマリスは自分のにおいがすることで安心しますが、毎日、床材をすべて

交換したり、ケージ内を徹底的に除菌消臭剤で拭き取ったりしていると、自分のにおいが消えてしまうために落ち着きません。においつけのために、かえってあちこちに排泄してしまうこともあるでしょう。

徹底した掃除はたまに行う程度にし、ケージ内の毎日の掃除はほどほどにしておくのがいいでしょう。

お家に来て2日目。まだまだ警戒中。

掃除を控えたほうがいい場合

シマリスを迎えたばかりで、まだ新しい住ま

いに慣れていない時期は、あまりこまめに掃除をしないほうがいいでしょう。毎日の掃除は排泄物の片付け程度にしておきます。新しい環境に慣れてきたら通常どおりの掃除をしましょう。

シマリスが妊娠しているときや子育てをしているときも、掃除のしすぎには注意します。妊娠中の掃除は手早くすませ、出産してからは排泄物の片付け程度にしておきます（シマリスがひどく神経質になっているときは、数日はなにもしないほうがいい場合も）。

新たに迎えた動物がいる場合

新たにシマリスを迎えたり、そのほかの動物が新しく家族になったときは、感染症を予防するために、もともと家にいる動物のケージ掃除を先にするようにしてください。

世話の前後は必ず手洗いを

掃除などの世話、コミュニケーションなどシマリスと接するときは、その前に手洗いをして手をきれいにしておきましょう。世話などをしたあとは、必ず、石鹸で十分に手を洗ってください。

気が荒くなっている時期の世話

シマリスは秋冬に気が荒くなることがあります。いつもならシマリスがケージの中にいるときに、ちょっとした掃除をしたり食事を入れたりできる場合でも、手に向かって噛みついてくることがあります。無理をせず、シマリスを別のケージに移してから世話をしてください。コミュニケーションなども、こうした時期はお休みしましょう。

時々行う世話

　時々行う世話の頻度は、ケージ内の汚れ具合やシマリスの個性によっても異なります。頻度は目安にしてください。

週に1回は行いたい世話

❋食器、給水ボトルの洗浄

　中性洗剤でよく洗い、洗剤分が残らないように流水で十分に洗い流してください。洗剤は哺乳瓶用やペット用を使うと安心でしょう。給水ボトルは専用のクリーナーも市販されています。

　給水ボトルは分解できるものは分解して、よく洗います。ボトル内部は柔らかいブラシを使って洗いましょう。硬いブラシで傷がつくと、そこから細菌繁殖することもあります。

❋床材の全交換

　床材をすべて新しく交換します。少しだけ、以前に使っていたものを残しておいて戻してあげるといいでしょう。

　なお、迎えて間もない頃には、床材の全交換はせず、落ち着いてから世話の手順に加えてください。

❋巣箱内部のチェック

　特に秋冬になると、巣箱内に巣材や食べ物をたくさん運び込みます。なかには、自分が寝る場所がないのではと思われるほど大量になっていることがあります。いったんすべて取り出し、巣箱内部をきれいにしてください。そのあと、新しい巣材、以前の巣材を少し、そして貯めていた食べ物も戻してください。貯めていたはずの食べ物がなくなっていても気にしていない様子の個体もいますが、不安になる個体もいるので、戻す量は様子を見て決めてあげましょう。

　なお、貯めていた食べ物に野菜や果物などの水分の多いものがあれば捨ててください。

❋体重測定

　健康管理の一環として、定期的に体重を測って記録しておきましょう。

❋室内のチェック

　シマリスをケージから部屋に出して遊ばせている場合、部屋のどこかに巣材を運んで巣を作っていたり、食べ物を貯め込んでいたりします。コンセントやプラグなど電気製品のそばに巣材を貯めていれば火災の心配もありますし、食べ物から虫が湧いたりもします。室内でのシマリスの行動範囲を確認し、取り除いておきましょう。

シマリスはお気に入りの場所に巣を作ることも。

月に1回は行いたい世話

❋飼育用品の点検と掃除

　ケージ内で使っている飼育用品の点検をします（布製品の点検は毎日してくださ

い）。巣箱がかじられてボロボロになっていたら交換のタイミングです。

汚れた木製品は流水でよく洗い、天日干しして十分に乾かしてからケージに戻してください。

金網にネジで止めている用品は、ネジがゆるんでいないか点検しましょう。

ケージ内をよく汚す場合は、用品の洗浄は2週間に1回程度行ってもいいでしょう。繁殖シーズンには、止まり木やケージ内のあちこちに、においつけとして尿を点々とするので、汚れやすくなります。

✴ケージ全体の洗浄

内部の飼育用品をすべて取り外して、ケージ全体を洗いましょう。中性洗剤と柔らかいスポンジを使って隅々まで洗い、洗剤を十分に洗い流します。よく乾かしてから、飼育用品とシマリスを戻してください。

なお、ケージ全体の洗浄と飼育用品の洗浄は、別のタイミングで行ったほうがいいでしょう。すべてきれいになってしまうと、落ち着かない場合もあります。

洗剤は十分に洗い流して。

適宜、行う世話

✴季節対策の準備

季節ごとの対策の準備は、暑くなったり寒くなったりしてから慌てないよう、早めに行っておきましょう。夏場ならエアコンの掃除、冬場ならペットヒーターの準備などです。ペットヒーターは、ずっと使っているものなら電気コードなどが傷ついていないか確認し、新しいものなら、実際に使う前に試運転しておきましょう。

✴健康診断

年に1回、高齢になってきたら半年に1回など、健康診断を受けておくことをおすすめします。

✴新しいエンリッチメントグッズの導入

目新しいグッズの導入は、シマリスの好奇心を刺激し、頭を使ったり、体を使ったりすることにつながります。時々は新しいものを導入するといいでしょう。

脱走には注意しよう

シマリスを部屋に出すときだけでなく、食べ物を入れるなどケージ扉を開けるタイミンがあるときは、必ず戸締まりを確認してください。目を離したすきや、出入り口と人の手の隙間から出てしまうこともあります。

ナスカンは、ケージ扉の戸締まりをするのにとても有用なものです。掃除をするときなどに、上下にスライドする扉を開けた状態にしてナスカンで止め、シマリスをケージに戻してから閉じるのを忘れていた、といったことも起こります。十分に注意しましょう。

部屋の換気をするときには、シマリスがケージの中にいることを確認してから窓を開けてください。

季節対策

シマリスに適した温度

　野生のシマリスの分布域の多くは寒冷地です。エゾシマリスが生息する北海道の気候を例にすると、夏には暑くなることもありますが、森林には木陰が多く、樹洞や地下の巣穴の温度は比較的涼しいので、シマリスは快適な場所を選ぶことができるでしょう。冬は非常に寒くなりますが、シマリスは地下の巣穴の中で冬眠をして冬を乗り切ります。地下の巣穴の中は氷点下になるようなことはありません。夏も冬も、自分の力で季節対策をしています。

　飼育下でのシマリスに適した気温は、20℃から25℃とされています。日本のほとんどの場所では、冬は暖房装置を用いた暖かな環境を用意する必要があり、夏はエアコンで温度管理をする必要があります。

春〜気温差に注意

　新たに子どものシマリスを迎えることが多い時期です。暖かい環境作りが大切です。

　大人のシマリスにとっても、春は注意が必要な季節です。暖かくて過ごしやすいというイメージがある反面、一日のうちでの温度差が大きかったり、急に寒い日や暑い日があったりするなど、油断できません。ペットヒーターなどの暖房装置も冷房も、どちらもすぐに使えるようスタンバイしておきます。

梅雨〜ジメジメを取り除こう

　梅雨寒で気温が低いこともあれば、温度も湿度も高く蒸し暑いこともある時期です。室温に応じてエアコンで調節するほか、衛生面でも注意しましょう。水分の多い食べ物は傷みやすくなります。食べ残しをいつまでもケージ内に置いておかないようにし、巣箱に運び込む個体では毎日の巣箱チェックが必要となります。

　床材や巣材が湿度の影響で湿っぽくなりがちなので、そのときは交換の頻度を高めたほうがいいでしょう。

　ペレットなどの食べ物が入っているパッケージは、食事を与えた後はしっかりと閉じて、中身が湿らないようにしてください。

梅雨どきの湿気に要注意。

夏～エアコンは必須

　近年の日本の夏は異常気象ともいえるほどの高温になり、猛暑日（35℃以上）が連続することも珍しくありません。シマリスに限らず動物を飼育するにあたっては、夏場のエアコンは必須といえるでしょう。

　温度管理はエアコンを用いて行ってください。エアコンからの風がケージを直撃しないように気をつけましょう。壁などに当たった風がケージのほうに流れていることもあるので、よく確認してください。

　環境省が推奨している夏場の室温は28℃ですが、これを守るとするとシマリスにはエアコン以外の暑さ対策もあったほうがいいでしょう。ケージ内に設置するアルミや天然石、テラコッタなどの冷却ボードがあります。

　また、水が垂れないようタオルなどで巻いたうえで保冷剤をケージの上に置く方法があります。

　濡らして絞ったタオルを用意すると、体をこすりつけるようにすることがあります。水分が蒸発するときの気化熱を利用して体熱を下げようとしていると思われますが、エアコンが効いている部屋ではかえって体温を奪われるので注意してください。

　室温が高めだと不衛生になりがちです。掃除はこまめに行い、食べ残しを放置しないなどの点にも注意してください。

秋～気温差に注意

　一日のなかで、あるいは日によっての寒暖の差が大きくなる季節です。春と同じようにいつでも温度対策ができる準備をしておきましょう。

　秋はシマリスの行動が大きく変化する時期でもあります。巣材や食べ物を大量に巣箱に運び込むようになる個体も多くなります。貯め込みすぎないよう気をつけましょう。気が荒くなる個体もいます。

夏の「寒さ対策」

　冷房を入れていると思いのほか室温が下がり、シマリスのいる場所が冷えすぎることもあります。夏だからと巣材を少なくしたり、巣箱を置かないといったことはしないでください。巣箱やシェルターといった、寒いときに逃げ込める場所は必ず用意を。巣材も十分に用意し、シマリスが自分で快適だと感じる環境を作れるようにしておきましょう。

冷房下では冷えることも。巣材はたっぷりと。

冬～適切な温度管理を

シマリスのいる場所が20℃を下回るようなら、暖房などで温度対策を行いましょう。

室内を暖める暖房装置にはさまざまなものがありますが、人がいないときに使っていても安全であることや、空気を汚さないものなどが適しています。エアコン、オイルヒーター、パネルヒーターなどがあります。

石油ストーブなどは、ストーブガード（上部にも網があるもの）を設置すれば、シマリスがストーブに近づくことは防げますが、熱くなったストーブガードにふれるおそれもあるので十分な注意が必要です。

暖かい空気は上昇するため、人が立っているときに暖かいと感じても、床の上は寒いこともよくあります。扇風機を使って空気を循環させると、床に近い場所にも暖かい空気が広がります。

空気が乾燥しやすい時期でもあります。飲み水を十分に与えましょう。また、静電気の影響で被毛にほこりがつきやすくなるので、室内で遊ばせている場合は部屋の掃除はこまめに行いましょう。

暖房を使っていてもシマリスがいる場所が暖かくならなかったり、シマリスがいる場所のみピンポイントで暖めたいときは、ペットヒーターを使いましょう。ケージの床に置くタイプ、側面に取り付けるタイプ、天井に設置するタイプ、ケージの下に置くタイプなどがあります。それぞれの注意点をよく確認して安全に使いましょう。実際にシマリスに使わせる前に、どのくらいの熱さになるのかなどを確認してください。

プラケースのような広さのない飼育容器でペットヒーターを使うと、全体が暑くなりすぎる場合もあります。プラケースの半分だけを暖めるようにするなど、温度の異なる場所を作り、シマリスが自分で快適な場所を選べるようにしてください。サーモスタットを利用して管理する方法もあります。

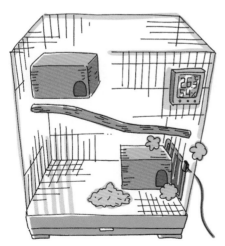

ペットヒーターは事前に
暖かさを確認しましょう。

極端な寒暖差に気をつけて

シマリスを飼育している部屋に人がいるときはエアコンやヒーターなどで暖かくしているのに、就寝などで人がいなくなるときには暖房を消してしまうようだと、夜間に急激に室温が下がってしまいます。エアコンはつけておいたり、安全なペットヒーターをつけておくなどして、温度変化が少ないよう気をつけましょう。

どうしたらいい？　冬眠対策

家庭のシマリスの冬眠

　野生のシマリスがどのように冬眠するのか、冬眠中のシマリスの体内でどのような変化が起きているのかは29〜31ページで紹介しています。冬眠するシマリスにとって冬眠は、寒い冬を乗り切るために身についているすばらしい能力だといえるでしょう。

　家庭で飼われているシマリスの冬眠についてはどう考えればいいのでしょう。まず、飼われているシマリスには、冬眠する能力がある種類とない種類がいるということを理解しましょう。

冬眠できるシマリス

　冬眠する能力のあるシマリスは、体内時計によって冬眠時期になると体内が「冬眠モード」になり、いつでも冬眠に入れるようになります。飼育環境の温度が高ければ、冬眠モードのままで通常の生活を送ります。温度が下がると「冬眠スイッチ」が入り、冬眠状態になります。

　動物園やリス園など自然環境に近い状態で飼育されているシマリスの多くは、冬になると冬眠に入ります。

　家庭のシマリスでも、冬眠する能力があるなら、温度低下などがきっかけで冬眠状態に入ることがあります。この冬眠は病気ではなく、冬眠できるシマリスにとっては普通の生理現象です。

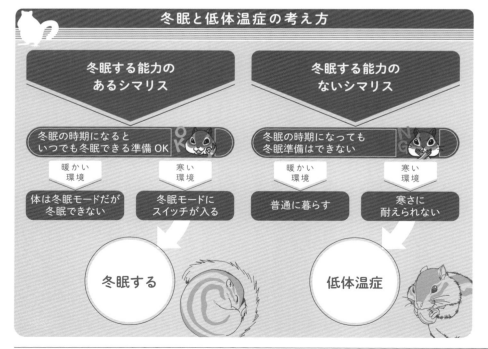

冬眠と低体温症の考え方

冬眠する能力のあるシマリス		冬眠する能力のないシマリス	
冬眠の時期になるといつでも冬眠できる準備OK		冬眠の時期になっても冬眠準備はできない	
暖かい環境	寒い環境	暖かい環境	寒い環境
体は冬眠モードだが冬眠できない	冬眠モードにスイッチが入る	普通に暮らす	寒さに耐えられない
	冬眠する	低体温症	

冬眠できないシマリス

シマリスのなかには、冬眠する能力をもたないものがいます。体内が「冬眠モード」に変化することがないので、環境温度が下がっても冬眠スイッチが入ることがありません。シマリスは恒温動物なので、体温を一定に保とうとする恒常性という機能があり、周囲の温度が低くても体温を通常通りに保とうとします。

ところがあまりにも周囲の温度が低すぎると、体温を維持することができず、低体温症に陥ってしまいます。冬眠は病気ではありませんが、低体温症は病気です。

冬眠する能力をもともともっていないシマリスは、必ず暖かな環境を作って飼育し、低体温症にならないようにしなくてはなりません。

どんなシマリスでも冬は暖かく

冬眠能力のあるシマリスが冬眠するぶんには、多くの場合は問題ないのですが、野生下という厳しい環境でも、地下の冬眠巣が氷点下になることはなく、そのうえ、巣材をたくさん敷き詰めた中に潜り込んでいます。極寒の環境で放っておいてもいいということはありません。

そのシマリスが冬眠できるできないにかかわらず、冬場は20℃くらいの温度になるように温度管理を行いましょう。冬眠状態に入るのが心配だったり、低体温症を予防するためには、20℃以下にはならないようにし、エアコンとペットヒーターを併用するなどして、暖かな環境を作ってあげましょう。

冬眠しているシマリスの様子

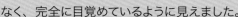

著者の経験では、飼育していたうち数匹のシマリスが冬眠をしています。室内はエアコンで温度管理していますが、シマリスのケージがある場所の温度が20℃を下回るくらいになると冬眠に入りました。巣箱の中で眠り続け、2〜3日に一度は起きてきて、排泄をし、食事をして、しばらくすると巣箱に戻り、また眠りに入ります。起きてきたときにふらつくようなことはなく、完全に目覚めているように見えました。

冬眠中のシマリスを巣箱から出して観察すると、見た目は、おだやかに眠っているように見えました。毛並みが乱れていたり苦しそうな様子はありません。体をさわるとひんやりと冷たくなっています。また、1分間くらいはじっとよく観察しないと、呼吸が観察できません。

そのほかの世話

トイレの教え方

基本の教え方

シマリスは比較的、決まった場所に排泄をする動物です。ケージの中でも、トイレ容器に排泄することを覚えてくれることが期待できます。決まったところに排泄してくれれば掃除もしやすいですし、排泄物による健康チェックも行いやすいでしょう。

トイレ容器ではどうしても排泄しない場合でも、決まった場所に排泄するようなら、そこがトイレだと思って毎日の掃除をしてください。

覚えていたトイレが乱れるとき

きちんとトイレで排泄をしていたシマリスが、点々と尿をして回ることがあります。繁殖シーズンに見られるにおいつけです。

泌尿器の病気があるときにも、少しずつしか出ないといったことがあるので注意しましょう。

排泄しているときに落ち着かなかったりするのも、トイレが乱れる原因です。排泄中にびっくりさせるようなことのないようにしてください。

ケージ側面での排泄

ケージ側面の金網につかまって排泄するシマリスがいます。少量の尿ならマーキングと考えられますが、通常の量を排泄することもあります。野生下で、木の幹を上っているときに排泄しているような感覚なのでしょう。やめさせることはできません。こまめに掃除をしてできるだけにおいを残さないようにするほか、ケージ周囲にはペットシーツなどを敷いておくといいでしょう。

なお、室内に出している場合、カーテンや爪が引っかかりやすい壁面などでも同じように排泄したり、人の体によじ上ってきて排泄することもあります。

基本的なトイレの教え方

❶シマリスの排泄物が付着している床材や巣材を少し、あるいは、排泄物の掃除に使って汚れたティッシュを捨てないでおく。
❷ケージの中はきれいにし、排泄物のにおいが残らないようにしておく。
❸トイレ容器にトイレ砂を入れ、そこに、汚れた床材やティッシュを入れておく。
❹ケージの四隅のどこかにトイレ容器を置く。
❺自分の排泄物のにおいがするので、そこで排泄をするようになる。
❻別の場所で排泄したら、除菌消臭剤でにおいが残らないようきれいに掃除しておく。

排泄物のついた巣材、ティッシュをトイレに。

グルーミング

必要があれば爪切りを

ペットのなかには、犬や猫のようにブラッシングやシャンプー、トリミング、爪切り、耳掃除、歯磨きといったさまざまなグルーミング、お手入れが必要なものもいます。シマリスの場合、基本的にはこうしたグルーミングは不要ですが、爪切りは必要があれば行います。

✳ブラッシング

基本的には不要です。自分で毛づくろいをするセルフグルーミングで十分に皮膚と被毛を清潔にできます。高齢になるなどしてセルフグルーミングがうまくできなくなったときには行ってもいいかもしれません。小動物用の柔らかい小型のブラシやごく柔らかい歯ブラシなどを使います。ただし、人にかまわれることに慣れていてそれがストレスになりにくい場合や、ブラッシングをすることで皮膚に傷をつけるおそれがない場合などに限ります。

✳お風呂やシャワー

皮膚疾患の治療のための薬浴など獣医師の指示があるとき以外は不要です。

被毛がべたつく、体がくさい、といった場合は、まずその原因を探してみてください。尿や便が体についていたり、ケージ内が不衛生な場合もあります。

体をきれいにしたいときは、夏ならぬるま湯、冬はお湯（熱すぎないように）で濡らして固く絞った濡れタオルで拭いてあげるのが

いいでしょう。

どうしても洗う必要があるときは、シャンプー剤などは使わず、洗面器などにシマリスの体温くらいのお湯（38℃くらい）を浅く入れ、顔にお湯がかからないように気をつけながら手早く洗うようにします。吸水性のよいタオルを何枚か用意しておき、すぐに水分をとってあげてください。幼い個体や体調の悪い個体には行ってはいけません。

✳爪切り

シマリスの爪はある程度鋭いのが普通です。鋭くなっていないと、止まり木などの移動時にすべってしまい、かえって危ないこともあります。止まり木から止まり木に飛び移るような運動がよくできる環境になっているなど、活発に運動していれば多少なりとも削れるので、伸びすぎというほどにはならないと思われます。

しかしどうしても過度に伸びることもあります。爪の先端が長く尖ってしまうと、ケー

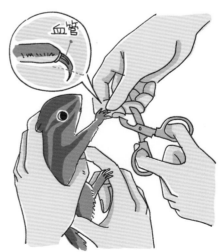

爪には血管があります。出血しない先端を切りましょう。

ジの継ぎ目などのごく狭い場所に爪が引っかかりやすくなったり、布製品に引っかかりやすくなるなど、危険な場面が多くなります。また内側に巻き込むように伸びると歩きにくくなり、肉球を傷つけることもあります。

鋭く伸びすぎているときは爪切りをしましょう。小動物用の爪切りなど使いやすいものを選んでください。人（平爪）と違って鉤爪で、断面は楕円ですから小動物用が向いてはいますが、先端をわずかに切るだけなので、乳児用や人用でも問題ないでしょう。ニッパーを使うこともできます。

ひとりがシマリスの体を支え、もうひとりが指先を持ちながら、ふたりがかりで行うのがベストです。

ひとりで行う場合はいくつかの方法があります。

例1：なにかに夢中になっている間に切ります。食べるのに時間がかかりそうなナッツ類などを与え、食べている間に後ろ足の爪を切り、前足の爪は、舐めて食べる好物（前足でつかめないもの）を与えながら切るなど。

例2：人の手でつかまれることによく慣れているなら、小さいタオルやハンカチで体を包み、爪を切りたい足だけを出して切る方法。強くつかみすぎないように注意。

例3：同じく慣れているという前提ですが、爪の先端だけが通るような目の細かい洗濯ネットに入れたうえで端から折っていってシマリスを一方に追い詰めるかたちにしたうえで、体をやさしくつかみ、ネットから出ている爪の先端を切る方法。洗濯ネットを使う場合は、できるだけシマリスが警戒しないよう、日頃から中で好物を

与えていい印象をつけておいたり、使っていた巣材でにおいをつけるなどしておくといいかもしれません。

そのほかにも、やりやすそうな方法を日頃のコミュニケーションのなかでシミュレーションしておくといいでしょう。また、一日に1本だけにするなど、一度にすべての爪を切らなくてもいいでしょう。

いずれにしても、シマリスにケガをさせることのないよう注意深く行ってください。ただしあまり人が緊張感をもっているとシマリスも警戒するので、リラックスして行いましょう。

無理をせず、できなさそうなら動物病院でやってもらえることもありますから相談してみてください。爪が肉球に食い込んだりしているなど明らかに異常事態になっているときは、必ず動物病院でやってもらうようにしてください。

留守番の方法

シマリスだけでの留守番

仕事や学校などのために外出している間、シマリスを留守番させることにはなにも問題ありません。温度管理や食事、飲み水の準備、脱走防止策は必須です。

旅行などで留守にする場合、温度管理が必要な時期ならそれができていて（エアコンをつけたままにするなど）、シマリスが健康で介護や看護は必要ないなら、1泊留守にするのは問題ないでしょう。2日分の食べ物を用意し、給水ボトルにも十分な水を入れておきます。

2泊となると、より十分な準備ができるかに

よります。エアコンを使わなくてもよい時期で、シマリスが健康であることが前提になるでしょう。ケージの底網を使っている場合、もし食器を倒して食べ物が網の下に落ちてしまえば食べるものがなくなるおそれがあります。複数の食器を用意しておくといいかもしれません。給水ボトルを落としたり、水漏れなどですべての水がなくなってしまうリスクを考え、複数の給水ボトルを用意します。

　昨今は急激な気象の変化、落雷を伴うゲリラ豪雨などもあり、停電するリスクがあります。また、交通機関が止まってしまい、帰宅に時間がかかることもありえる事態です。こうした心配があるときは、知人に留守宅の様子を見にいってもらうのもいいでしょう。

世話を頼む、預ける

　2～3泊以上になるときは、シマリスだけにするのではなく、なんらかの対策が必要になるでしょう。家に来て世話をしてもらうなら、知人に依頼したりペットシッターを利用する方法があります。シマリスはすばしこい動物

だということを理解してくれる人に頼むと安心でしょう。必要な消耗品は買っておくこと、また、自身の緊急連絡先を伝えて、なにかあったら連絡がとれるようにしておきましょう。

　預ける方法としては、知人に頼む、ペットホテルを利用するといったものがあります。ペットホテルでは、犬や猫とは別の部屋で預かってもらえるのか、ケージの持ち込みや食べ物についてなど、あらかじめよく確認しておきましょう。動物病院でかかりつけの場合は預けられる場合もあります。

　世話に来てもらうにしても預けるにしても、長期休暇の時期は早めにお願いをしたり予約をするようにしてください。

連れて出かけるとき

　動物病院に連れていくときは、キャリーケースの底に厚めに床材・巣材を敷き詰め、シマリスを入れて運びましょう。シマリスが巣箱の中にいて、なかなか出てこないとき、体

よく食べているか食欲のチェックも大切です。

キャリーケースは手提げバックなどに入れて出かけましょう。

調が悪くて寝ているときなどは、巣箱ごとキャリーケースに入れてもいいでしょう（サイズによります）。

　キャリーケースが入るサイズの手提げバッグを用意して、そこにキャリーケースを入れて運ぶのがいいでしょう。

　暑い時期は、タオルなどを巻いて冷たくなりすぎないよう調整した保冷剤を、バッグとキャリーケースの間に入れておくといいでしょう。寒い時期は、キャリーケースの外側に、使い捨てカイロを貼っておくこともできます。

　なお、動物病院から指示がある場合はそれに従ってください。

車で移動する場合

　自家用車でシマリスを連れていく場合、車中だからと安心してキャリーケースからシマリスを出すようなことはしないでください。たいへん危険です。

　シマリスの入っているキャリーケースだけを車中に残して車を離れないようにしてください。特に、夏に限らず気温が高い時期には、車中はあっという間に高温になり、熱中症で死亡するおそれがあります。

安全で安心できるお家は居心地もよいですね。

シマリス連れのレジャーはNG

　ペット（主に犬）と一緒に泊まれる宿や一緒に楽しめるレジャー施設が増えています。宿のなかには小動物の宿泊が可能なところもありますが、たとえシマリスも可といわれても、おすすめはできません。

　ペットのシマリスは外来生物であり、万が一にでも脱走して屋外に出てしまうことは避けなくてはなりません。室内で見つからなくなってしまうリスクもあります。

　シマリスを連れて移動する必要があるときは、決して逃さないよう十分に気をつけてください。

実家に連れて帰るなら

　実家に帰省するなど、移動先である程度の自由がきく場合には、シマリスを連れて帰るというのも選択肢になるでしょう。

　自家用車を利用するなら、家で使っているケージを持っていくこともできますが、シマリスはキャリーケースに入れて移動させてください。キャリーには食べ物も入れておきます。給水ボトルが取り付けられるキャリーもありますが、振動による水漏れも心配です。葉物野菜など水分の多い野菜を入れておくといいでしょう。

　ケージは持って帰れない場合や、しばしば帰省する場合は、そのときに使うためのケージをあらかじめ先方に用意しておくというのもいい方法でしょう。

　また、万が一のため、近所にシマリスを診てもらえる動物病院があるか確認しておくと安心です。

　シマリスとふれあいたい家族がいるときは、

必ず飼い主がいるときにし、脱走させたり、人をかじってケガをさせたりすることのないように気をつけてください。

シマリスの防災対策

　日本は自然災害の多い国です。毎年のように地震、台風、大雨といった災害が起こっています。日本で暮らしているなら、自然災害は決してひとごとではありません。人だけでなくペットに関しても災害に備えた対策を行っておくことはとても重要です。動物行政を所管する環境省では2018年、「人とペットの災害対策ガイドライン」を策定し、このガイドラインをもとに自治体が災害対策を行っています。

　また、環境省告示「家庭動物等の飼養及び保管に関する基準」では、飼い主は、災害時にとるべき措置を決めておくこと、避難先でも適正な管理ができるよう用品や食べ物を用意するなど避難に必要な準備をしておくこと、災害が発生したときは飼育しているペットを保護し、ペットによる事故を防止すること、避難にあたってはできるだけ同行避難をするなどペットの適切な避難場所を確保することが努力目標として定められています。

　いざというとき、シマリスをどう守るのか、しっかり考えておきましょう。

基本的な防災対策

　飼い主が安全な状況になっていなければシマリスを守ることができません。まずは人の防災対策を行っておいてください。地域の

ハザードマップの確認、避難所の確認、家族で暮らしているなら待ち合わせ方法、避難グッズの準備などをしておきましょう。

シマリスの住まいは安全か

　ケージの置いてある場所が安全かどうかを確認しましょう。

　家具の上などからものが落ちたり、ガラスが割れたりしたときにケージに当たるようなことはないかを確認します。

　高さのあるケージだと大きな揺れで倒れるおそれがあります。耐震マットや転倒防止チェーンなどを利用できるでしょう

食べ物や消耗品のストック

　災害があっても、自宅に倒壊などの危険がなければ、自宅で避難生活を送る「在宅避難」も選択肢になります。住むことはできても、店舗が営業していなかったり流通ルートがストップしてしまえば、シマリスの食べ物や床材などの消耗品が手に入れられなくなります。災害が起きたのが離れた地域でも、流通の乱れによる影響が起きることもある

食べ物や消耗品は、
未開封のストックが必ずあるようにしましょう。

でしょう。必要な食べ物や消耗品は必ず、常にストックがあるようにしておきましょう。たとえばペレットなら、必ず未開封のものがストックしてあるようにし、それを開封する前には新しいペレットを購入しておきます。

避難グッズ

自宅以外の場所も飼育管理ができるだけの準備をしておきましょう。

一時預け先の確保

現実に避難所で暮らすとなると、キャリーケースは狭くてシマリスにはストレスが大きいでしょうし、シマリスに食事を与えるだけでも逃げないように気を使うなど、大変なことも多いかと思います。同時に被災する可能性の低い、まったく異なる地域の知人や友人に一時的に預かってもらうことも必要かもしれません。

シミュレーションしておこう

9月1日は防災の日(関東大震災が起きた日)ですが、近年では過去に大きな災害が起きた日も残念ながら増えています(1月17日:阪神淡路大震災、3月11日:東日本大震災、4月14日とその翌日:熊本地震など多数)。ニュースで取り上げられることも多い日です。こうした日に、家庭での避難シミュレーションをするようにしてもいいのではないでしょうか。どうやってシマリスをキャリーケースに入れるのか、複数のシマリスを飼育しているならどうするのか、自分の避難グッズとシマリスの避難グッズを持って移動できるのかなど、考えておきたいことはたくさんあると思われます。

避難グッズの一例

移動用キャリーケース、食べ物(できれば2週間分)、大好物(傷みにくいもの)、飲み水、衛生用品(ペットシーツ、ビニール袋、ウェットティッシュなど)、新聞紙(床材にもなる)、防寒用品(使い捨てカイロ、フリース)などをまとめておく。投薬中の薬や動物病院の診察券、飼育メモなどはすぐに持ち出せるようにしておく。持ち物に余裕があるなら組み立て式の小型ケージなど。

人とシマリスの避難グッズを持ってシミュレーション。

同行避難・同伴避難

同行避難:飼い主とペットが一緒に避難所などに避難する行動のこと。必ずしも同じ空間で暮らせることは意味していない。ペットはペット専用の場所に置かれることも。

同伴避難:避難所などでペットを飼育管理すること。同行避難と同様に、同じ空間で暮らせるとは限らない。

幼い子リスの飼育管理

　まれに、まだ離乳していないような幼い個体、ペットショップでミルクも飲ませているような個体が販売されていることがあります。そういう個体を迎えた場合には、十分な注意をして飼育する必要があります。

食事とミルク

　大人の食べ物を食べやすくしたものを与えるほか、補助的にペットミルクも与えるといいでしょう。食べ物は、ふやかしたペレット、殻をむいてある雑穀（小鳥用のむき餌）などがいいでしょう。徐々にふやかさないままのペレットや殻付きの雑穀を加えていきます。野菜や果物などは、この時期はまだ与えないようにし、大人の食事だけをしっかり食べるようになってからにしてください。

　ペットミルクは、規定通りの濃度で作ります。体温（38℃ほど）くらいの温かさがよいでしょう。一日に1〜2回、小さなお皿やスプーンで与えます。シリンジで与えるときは誤嚥させないよう注意してください。補助的な位置づけなので、量は少しでもよいでしょう。お皿で与えるときは飼い主が見ているときだけにし、ケージ内に入れたままにしないでください。体を濡らしたり、床材や排泄物などが入ったものを口にするのを防ぐためです。

温度管理

　離乳前のシマリスは野生下であれば母親やきょうだいと一緒に暮らしています。ペットショップではほかの子リスたちと一緒に暖かな環境にいることが多いでしょう。家庭では急に1匹だけになるので体を冷やしてしまい、体調を崩しやすいのです。暖かな環境作りが欠かせません。

　大きめのプラケースで飼育します。底には床材を敷き詰めます。シートタイプのペットヒーターの上にプラケースを置きます。このとき、プラケースの半分だけが暖かくなるようにし、シマリスが自分で快適な温度の場所を選べるようにします。

　生後30日ほど（目が開く頃）では温度は30℃くらいがよいのですが、大人の食べ物も食べるようになっている時期ならもう少し低くてもよいでしょう。温度はプラケースの中に温度計を設置して測ってください。

そのほかのポイント

　排泄物の掃除はまめに行い、体に尿がついたりしないようにしてください。

　よく食べ、よく眠るのが大切な時期です。必要以上にかまわないようにしましょう。

　大きなプラケースでも狭く、プラケースの中で激しく運動するようになる頃には、ケージに引っ越しさせます。最初のうちは小さめのケージがよいでしょう。プラケースに比べ、保温性が急に悪くなるので、適切なペットヒーターでの加温もしておくと安心です。

食器に入ってしまう大きさ。生後およそ1ヶ月です。

お世話のQ&A

Q① ケージの周りが汚れるので困っています。どうしたらいい?

A ケージの周りには、床材や食べ物のかす（穀類の殻など）が飛び散ることがあります。ケージの側面に登って外に向かって排泄するシマリスの場合は、尿で汚れることもあります。

床にレジャーシートを敷き、その上にケージを置くのが一番簡単です。シートの上もケージ内と同様にこまめに掃除しましょう。

ケージは壁のすぐ前に置くことが多いですが、壁側が汚れることもあります。壁とケージの間にプラスチック段ボール（プラダン）を置いておけば、汚れたら洗えるので便利です。壁用の保護シートもいいでしょう。

Q② シマリスが室内を探検していてなかなか戻ってきません。どうしたらいい?

A まず落ち着きましょう。追いかけたり、置いてあるものを動かして物音を立てたりすると、ますます出てこなくなるかもしれません。

室内にいるのが確実なら、普通はそのうち出てきます。ケージの近くやケージ内に好物を置いておいてケージに誘導するようにして、あとは静かにしているのがいいでしょう。なにごともなかったかのように戻ってくることも多いものです。

好物の入った容器をカタカタと振る音を聞くと好物がもらえると関連づけておいたり、好物を与えるときには名前を呼ぶようにして名前と好物を関連づけておくと、こうしたときには便利です。

人が見ていないときにその部屋からほかの部屋に行ってしまったり、屋外に出てしまったりしないよう、ドアや窓は閉めておいてください。

また、シマリスを出して遊ばせる室内は、家具の隙間に入らないようふさいでおいたり、床にものがたくさん積んである状態にせず整理整頓しておくといったことも大切です（遊ばせる部屋に関しての注意点は156ページも参照してください）。

Q③ シマリスが屋外に出てしまいました。どうしたらいいですか?

A 出てすぐなら、近くにいる可能性が高いと思われます。家の周囲を探し、大好物でおびき寄せてキャリーケースやケージ内に誘導します。家に捕虫網があれば、緊急事態なのでそれで捕まえることもできますが、失敗すると怖がってますます逃げてしまうおそれもあります。

集合住宅などでは、ベランダを移動して同じ階のよそのベランダにいることもあるので、確認させてもらうのもいいでしょう。

周辺に樹木のある公園、植え込み、庭のある家や、地面が土で掘れるような場所のあるところにいることもあります。側溝に入ってしまうこともあります。

自分から戻ってくることもあるので、ケージに好物を入れて扉を開けておいたり、脱走したと思われるドアや窓を開けておくのもひとつの方法です。

なかなか見つからなくても、「屋外にいたシマリスを保護した」というケースも時々あるので、あきらめずに探してみましょう。SNSで呼びかけてみる、「シマリスを探しています」というチラシを作って周辺の住宅に配るなどのほか、保護してくれた人が連絡しそうな場所（交番、ペットショップ、動物病院、動物愛護管理センターなど）に問い合わせてみます。

シマリスは外来生物ですからくれぐれも逃さないようにしてください。屋外には猫やカラス、自動車など危険なものも多く、不幸な結果もありえるので、そういう意味でも脱走させないように注意が必要です。

Q④ 長時間の移動、キャリーケース内での水分補給は？

A 給水ボトルがセットしておけるキャリーケースもありますが、水漏れがないことが前提になります。もしキャリー内に水がこぼれてしまうと、夏場なら蒸れるおそれが、冬場なら体を冷やしてしまうおそれがあります。

小型ケージで移動するなら、移動中の休憩時間などに外側から金網越しに給水ボトルをセットできるので便利です。

給水ボトルで水分補給しない場合は、水分の多い野菜を入れておくという方法もあります。ただし洗った野菜の水分はふきとっておいてください。

移動中に水分補給をさせようとキャリーを開ける必要のないよう（逃げ出す心配があります）、あらかじめ準備しておいてください。

Q⑤ シマリスを数匹飼っています。避難が必要なときはどうしたら？

A 近年はますます自然災害も多く、動物を飼育するときは「防災の対策がとれるか」も考えて選ばなくてはならないのかもしれません。家からどこかに避難するなら、それぞれのシマリスを別々にキャリーケースに入れ、頭数分の避難グッズも用意しておいて持ち出すことになります。もちろん、人の避難グッズも必要になるわけです。実際に可能かどうかは平時のうちに考えておきましょう。家族で飼っているなら、誰がどのシマリスを担当するというのを決めておくのもいいですが、必ずしも皆が家にいるときに災害があるとは限りません。

災害の規模や家屋の状況にもよりますが、動物をたくさん飼育しているときは在宅避難が現実的かもしれません（避難所などへの避難が必要な状況のときは避難してください）。在宅避難が適切に行える準備はしっかりしておいてください。食べ物や水、そのほかの消耗品は十分に備蓄しておきましょう。

シマリスに限らず、動物の飼育頭数を増やそうと考えているときは、飼育している動物たちすべてを災害から守ってあげられるかどうかも考慮に入れるといいでしょう。

【ヒ ヤ リ・ハ ッ ト】

シマリスとの生活でヒヤッとしたこと、ハッとしたことはたくさんあるようです。
重大な事故にならないよう、みなさんと事例を共有したいと思います。

○ カーテンレールダッシュをしていて、スリップしそうになりました。　　　　（稲田周一さん）

○ カーテンレールからエアコンの内部に入りました。エアコンは使用していない時季だったのでケガなどはありませんでした。ただ、エアコン内部に貯蔵（貯食）していたようで、後日エアコン内で種が発芽していました。シーズン前にクリーニングを依頼して発見しましたが、クリーニングせずにエアコンを使っていたら故障していたと思います。　　　　（トロさん）

○ 室内干ししてあった洗濯物に登って、冷蔵庫の上に行ってしまい、冷蔵庫と壁の隙間に落ちそうになってしまって焦りました。大きな家電の隙間に入ってしまうと家具を動かすのも危険です。　　　　（さりんこさん）

○ 少し大きくなって大きなケージに移したところ、ケージに慣れる前に高めのところから落ちることがあったので、小さいうちはハムスターケージや水槽で過ごしてもらうのがよさそうでした。慣れたらスイスイ動いています！　　　　（ころんさん）

○ 賃貸住宅にてシマリスがフードの入ったクローゼットを自力で開けようとドアをかじってしまいました。水槽の蓋がわずかに空いていて落ちそうになったことがあります。　　　　（Bikke the chipさん）

○ へやんぽ中に、小物が落下してきたことや、また眠い時間帯だと、寝ぼけているシマリス自身が落下することもあります。冷蔵庫の下や横の隙間から奥に入ってしまったことがありました。　　　　（ここなぎさん）

○ ケージを脱走しようとしたときに、あわてて扉を閉めてしまって、挟んだかと思いました。　　　　（みつきさん）

○ へやんぽ中、シマリスが私の足の下めがけて走ってきて、踏みそうになりました。　　　　（マリコさん）

●ケージ扉の締まりが甘く、出かけて帰ってきたらケージの中にいなくて探し回りました。その後見つかりましたが、ケージに戻れず、水分が取れない状況だったことに焦りました。
（ベンジーさん）

●ハンモックに穴を開けて潜り込み、出られなくなっていました。エアコンの電源ケーブルをかじって断線したこともあります。
（モイラさん）

●ひどいタイガー期（気が荒くなる時期のこと）が訪れたときに、ペットヒーターのコードを完全に断線させられていました。たまたまその日は暖房をつけてヒーターの電源は抜いていたので最悪の事態は免れましたが、外に出ているコードまでもケージ内に引っ張ってきて噛みちぎられるとは思ってもいませんでした。
（Ricky_バイトくん・すこちゃんさん）

●お迎え初日に、ショップで入れてもらっていた箱（穴の開いたダンボール箱）から、準備していたプラスチックケージに移そうとして脱走されました。ケージへの移し方を教えてもらっていなかったため、手でゆっくりさわってケージに移そうとしたら、一瞬で逃げられたのです。その後は、キッチンの隙間やソファの下、テレビのコード周りなどに逃げられ、捕まえるのに一苦労しました。幸いケガなく捕まえることができました。
（チップママさん）

●へやんぽさせていると家族が知らずにドアを開けてしまい、部屋から出ていきそうになりました。
（はるねえさん）

●少し目を離したときに押し入れから天袋、さらに天井裏にまで行ってしまったようで、ヒマ種の瓶を持ちながら呼び続け、探し回りました。翌日早朝、足音を頼りに天井裏を剥がし、断熱材をとっぱらって、危機感のないシマリス（まだまだ探検したそうだった）を無事に救出!!天袋は厳重に封鎖しました!!
（カン&ココ♬さん）

●私がしゃがんでいるときにおしりの下にいて、つぶしてしまいそうになりました。また、ドアを閉めようとしたら隙間を通り抜けようとして挟まりかけたこともあります。　（さつきさん）

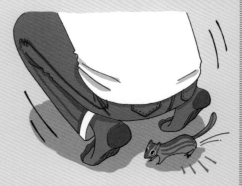

●へやんぽさせていてゴキブリ駆除用の毒餌剤をくわえていたことがあり冷や汗ものでした。幸い毒餌の部分には届かないのか削れた跡もなく、食べていないようで安心しました。
（まりーぬさん）

●ケージの中から、ガンガンぶつかっているうちにカギが開いてしまったらしく、ケージから脱走していました。それ以降、ワイヤータイ（針金）でロックするようにしています。また、部屋で遊ば

せているときに、ゴミ箱に入っていたお菓子の空袋の中に入ってしまいました。お菓子のゴミは、近くに捨てないようにしています。　（まめさん）

● 布を噛み切って、ほつれて出てきた糸を足に絡ませてしまったコがいました。大事には至らなかったですが、布生地には気をつけるようになりました。脱走して押し入れに入ってしまったこともあります。　　　　　　　（せんとんさん）

● 掃除の後にケージの扉を閉め忘れていて、いつの間にかへやんぽしていました。危なかったです。　　　　　　　　　　　　　　（ごはんさん）

● 1cmもないドレッサーの下の隙間をくぐり抜けて、引き出しの中に入ってしまっていたことがありました。へやんぽのときに壁をよじ登ることを覚えてしまい、たまに手を滑らせ落ちてしまうことがあります。　　　　　　　（にこさん）

● 壁や棚に登って天井まで行くので、登り降りのときに落ちないかヒヤヒヤします。自分で降りてきますが、登りだしたら下に行って手で受け止めるようにしています。　　　（cocoaさん）

● ケージを閉めたい人間と外へ出たいシマリスとでかみ合わず、あわやシマリスを挟むところで

した。怒って鳴いてくれたのでギュッと挟まずに済みました。　　　　　　　　（きなこさん）

● 足元にシマリスがいることに気づかず間違って踏みそうになったことがありました。間一髪で避けてくれましたが、以来シマリスが足元にいないことを確認できるまでは動かないようにしています。シマリスは狭い場所が好きなので、足を少し上げるだけでも興味を示して近づいてくるので注意が必要です。　　　（もやしさん）

● エアコンの上からエアコン内部に入っていったことがあります。名前を呼んだらすぐに出てきてくれたのとコンセントを抜いている時期だったので無事でした。以降エアコンの外側全体に貼りつける埃よけフィルターを設置すると、エアコン自体に登らなくなりました。へやんぽさせていたらカバンの中に入れていた個包装のチョコをくわえてカバンから出てきました。普段は閉めていたチャックが開いていたのです。追いかけ回し、ヒマワリの種と交換してもらいました。以降、お菓子はポーチにしまってカバンに入れています。かじり木を与えているにも関わらずカーテンレールボックス（木枠）をかじったり、机の角をかじってボロボロにしました。マスキングテープを貼ることで噛まなくなりました。　　　　　（かりんとうママさん）

◉今は注意していますが、一度エアコン下の吹き出し口に入ってしまって出られず、あわててエアコン下の部分を引き剥がし、つかんで出したことがあります。　　　　　　　（こしまさん）

◉わが家に迎えてすぐの頃、ケージの中だけでは行動が分からないので部屋に出してみたら、冷蔵庫の下に入り込み２、３時間出てこなくなりました。それから、冷蔵庫の左右下などすべて塞ぎ、行きそうなときは物で興味を引いています。　　　　　　（松田登志子さん）

◉一般的な金属ケージで飼っていたとき、最下部のスライドする引き出しトレイの奥に床材を毎日少しずつ詰めることで、手前を引き出して脱走されました。カーテンや布をケージ内に引き込んでしまったこともあります。
　　　　　　　　　（アースのなかまさん）

◉へやんぽさせていたときに、網戸が少し空いていました！開けたつもりはないのですが、窓を開けたひょうしに開いてしまったのだと思います。　　　　　　　　　（マリンさん）

◉ガスコンロの下に潜り込み、コードをかじってしまいました。　　　　　（えびちゃんさん）

◉ケージに入れた靴下にもぐりこみ、繊維に引っ掛かり、靴下から出られなくなった事故がありました。すぐに気づいたので大事に至りませんでした。　　　　　　　（繁松風都さん）

◉へやんぽ中に普段不在の家族が出入りして、扉に挟まってしまいました。あわてて"リス診察可"の病院に連れて行ったのですが、何もできないと言われて帰宅。すぐに元気になりましたが、血の気が引きました。　　　（ちょこさん）

◉先代のシマリスが、キッチンカウンターの前に積み上げていた荷物を器用に上って台所に侵入し、コンロにこびりついたコゲを食べようとしていました。　　　　　（チビスケさん）

◉こたつ掛けぶとんをかじって穴を開け、中綿の中にもぐり込んで寝ていました。外出前で時間がなかったので、泣く泣くこたつ掛けぶとんをハサミで切って回収しました。　　（大野さん）

シマリスが事故に遭わないように気をつけてくださいね!!

リス愛からうまれたグッズ

リス愛にあふれる、すてきなシマリスグッズをご紹介しましょう!

little shop
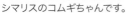
福士悦子さん

シマリスのコムギちゃんです。

本書の章扉絵などを描き下ろしてくれた
福士さんのイラスト作品。

リスいっぱいの4コマ
マンガ集「リスの夢」。

　2000年に知人から「うちで生まれた子リスを飼わない?」と言われ、コムギを飼い始めました。猫や犬などは描いていましたが、シマリスと暮らすうちにすっかり夢中になり、絵のモチーフにすることも増えました。リスの姿は美しく、動きや表情は魅力的なのに、作品は猫やうさぎよりも少ないと感じたからです。2003年にイベントのため、雑貨ブランドを作り、トレードマークをリスにしました。リス好きなお客様も増え、今ではリスグッズがメインとなっています。**http://little-shop.net**

ソフビフィギュアのリス。

seedift
中村あやさん

ぬいぐるみのナッツくん。

chipmunk illustration　aya nakamura

中村さんの愛リス、
ピノちゃんは本の
表紙に登場!

　シマリスブランド"seedift"を制作しようとしたときに生まれた、オリジナルキャラクターのナッツくん。彼を中心にさまざまなシマリスイラストやグッズを作り、展示会やイベントに参加しています。シマリスを趣味ではなく、外に発表していくものとしてくれた大切なキャラクターです。**https://suzuri.jp/seedift**

Chapter 6

シマリスとの
コミュニケーション

仕草や鳴き声の意味を知ろう

仕草の意味

シマリスとは、言葉を介してのコミュニケーションはできませんが、彼らは体や鳴き声を使って自分の気持ちを表現しています。シマリスとうまくコミュニケーションを取っていくため、シマリスがそのときどんな気持ちになっているのかをできるだけ理解することが大切です。

尾を振る

体を低くしながら、尾を左右にゆらゆらと揺らします。シマリスがなにかに対して警戒しているときに行います。野生下ではヘビに対して行っていることが観察されているといいます。

飼育下ではシマリスが脅威に感じるような状況はそんなにないのでは、と思ってしまいますが、聴覚などの感覚が発達しているため人に聞こえない音域の音が聞こえたり、かすかな振動に反応しているのかもしれません。

尾をゆらゆらと振る

尾を振るこの仕草は、モビングと呼ばれることもありますが、モビングには集団で行う嫌がらせという意味があります。何匹ものタイワンリス（クリハラリス）が、ヘビ（タイワンリスの天敵）を囲み、チーチーという鳴き声をあげながら尾を揺らしたり、ヘビに近づいたり離れたり、という行動をするのをモビング（擬攻）といいます。

尾の毛をふくらませる

尾の被毛は、普段は先端に向かって流れていますが、警戒しているときや驚いたときなどには、被毛が立ち上がり、まるで試験管ブラシのようになります。尾を振ったり、尾の毛をふくらませているときはかまわずに落ち着くのを待ちましょう。

尾の毛がブラシのようになる

後ろ足で地面を叩く

体を低くして、後ろ足で左右交互にタタン、タタンと床を踏み鳴らします。スタンピングともいいます。驚いたり警戒しているときに行います。

左右交互に後ろ足で床を叩く

食べ物を土に埋めるような仕草

野生下では、地面に穴を掘って食べ物を隠し、土をかけて埋め、枯れ葉などを乗せたりしますが、飼育下でも、食べ物に土をかけて押さえるような仕草をすることがあります。空中のなにもないところを押さえるような仕草もします。食べ物を隠しているつもりなのでしょう。

ナイナイ！ペタペタ！

急にじっとして動かない

急に動きを止めてじっとしていることがあります。フリーズとも呼ばれます。警戒しているときに見られます。捕食者に見つかりそうになったときは、逃げるのもひとつの方法ですが、その場でじっとして動かないことで、見つからないようにする場合もあります。

カチーン

急に固まったように！！

毛づくろい

シマリスは比較的よく毛づくろいをします。被毛を整えるための行動です。だいたい、顔から始まって、尾の先端までをていねいにぬぐったり、舐めたり、歯でしごいたりします。

一般的には、被毛を整えるほかにも気持ちを落ち着かせるという役割もあるといわれます。

顔から尾の先まで毛づくろい

おだやかな歯ぎしり

ものを食べていないときでも、下顎を左右に動かして歯ぎしりをしていることがあります。歯を削っているという意味もありますが、気分のいいときにも歯ぎしりをしていることがあります。

痛みや苦痛のあるときの歯ぎしりとは異なり、苦しそうな様子はなく、おだやかな様子に見えます。

ギリギリ

気分のいいときに歯ぎしり

常同行動とは

シマリスがケージの中でバック転を繰り返していたり、同じ場所を右左に行ったり来たり（「反復横跳び」と呼ばれることがあります）することがあります。

運動のために行っているわけではなく、「常同行動」というもので、ストレスから逃れ

ようとするときに見られる回避行動です。

ストレスから起こる行動には「転位行動」も
あります。シマリスはよく毛づくろいをしますが、
一ヶ所ばかりを過剰な毛づくろいするのは、
転位行動かもしれません。

こうした行動を起こす原因となるストレスに
は、不適切なハンドリング、小さすぎるケー
ジなどの不適切な環境、捕食動物が近くに
いることなどがあります。

ケージの扉の前で反復運動をしていること
には、ケージから出られる場所だと理解して
いることも関連しているかもしれません。

鳴き声の意味

シマリスは、日常的によく鳴く動物ではあり
ませんが、繁殖や警戒といった(野生下では)
重要なできごとに関わるときには鳴き声をあげ
ます。

発情シーズンの鳴き声

春に聞かれる鳴き声です。「ホロ、ホロ」
や「コロ、コロ」、「ピル、ピル」などと聞こえ
る鳴き声で、頬をふくらませながら、全身を
使うようにして鳴いています。メスが発情して
いる日に鳴く、発情鳴きです。一日中、ま
た、食事をしたり毛づくろいをしたりしながら
も鳴き続けることもあります。野生下ではメス
がオスに自分の存在をアピールするために鳴
いていますが、飼育下だとオスも鳴くようです。

「ピッ、ピッ」や「キッ、キッ」と聞こえる鳴
き声もあります。警戒鳴きに似ています。

発情鳴きは、止まり木の上など高い位置
で鳴くという観察があります。

森の中であればさぞ遠くまで聞こえそうな、
よく響く鳴き声です。

警戒や驚きの鳴き声

「キッ」や「ピッ」などと聞こえる鋭い鳴き声
です。捕食動物がいるときなどの警戒鳴き
です。

捕食動物が接近しているときに警戒して
鳴くということは、自分の存在を目立たせるこ
とでもあり、自分が捕食される可能性が高
いのではとも考えられます。群れを作る動物
なら、利他的な行動(この場合だと、自分が犠
牲になっても群れを守る)といえますが、シマリス
は群れを作らない動物なのになぜなのかと
不思議に思えます。樹上性リスの研究では、
周囲に知らせるために鳴いているのではな
く、捕食動物に対して、「捕食動物の存
在に気がついている」「そっと近づいて襲おう
としても無理」ということを伝えようとしているの
かもしれない、ともいわれます。

飼育下では、急な物音にびっくりしたとき
などに発する鳴き声です。

威嚇、怒りの鳴き声

「ククク…」や「ココ…」と聞こえる鳴き
声を発するのは、怒っているときや威嚇する
目的のときです。不快なときにもこうした鳴き
声が聞かれます。歯をカチカチ鳴らすことも
あります。

痛み、恐怖

無理につかんだりしたときや痛みがあった
ときなどに「ギャッ」と鳴き声をあげます。

シマリスの慣らし方

どうして慣らす必要があるのか

シマリスは野性味が強い動物ですが、ペットとして飼われている以上、「野生動物」そのものではありません。飼育管理に支障がない程度には慣らす必要があります。

人に慣れていないままに世話をしていれば、シマリスはストレスを感じることになります。人を怖がらず、人と接することにストレスを感じない程度には慣らすようにしましょう。

体にふれることにもある程度は慣らしておけば、家庭での健康チェック、必要があれば爪切り、また、動物病院での診察なども行いやすくなるでしょう。

シマリスの性質を理解する

シマリスにどのようにアプローチしてコミュニケーションをとっていくかを考える前に、シマリスはどんな性質の動物なのかを知っておきましょう。

捕食される側の動物なので、警戒心はとても強いです。音や振動、においなどを敏感に感じとるだけでなく、野生下であればおそらく捕食動物から狙われている気配も察知しているのではないかと想像します。飼育下では飼い主が「狙っている」つもりはなくても、緊張感をもってシマリスに近づけば、シマリスは警戒したり恐怖を感じたりすると思われます。

加えて、個体差があることも理解しましょう。

なかには、最初から人を怖がらなかったり、人の手の上で寝てしまう個体もいます。一方では、なかなか人に慣れてくれない個体もいます。どんな性質の個体なのかを考え、その個体がおびえていないか、落ち着いているかといったことを観察しながら、個体に応じた距離の近づき方を心がけましょう。

慣らすにあたってのポイント

❶おおらかな気持ちで接しましょう。人が緊張しているとシマリスも緊張し、警戒してしまいます。

❷気長に焦らず接しましょう。個体によっては時間がかかることがあるかもしれませんが、忍耐強く付き合っていきましょう。

❸驚かせたり怖がらせたりしないようにしましょう。人が急に動いたり、大きな声を出したりするとシマリスがびっくりしてしまいます。一度感じた恐怖感はなかなか消えないの

人の手の上で眠ってしまいました。zzz…。

で注意が必要です。

❹しつこくしないようにしましょう。しつこくかまうとシマリスが噛みつき、噛みつかれるのが怖くて緊張して接するようになり、シマリスも警戒する、という悪循環にならないよう気をつけましょう。

❺シマリスにも学習能力があります。「いやなことをされない」「いいことがある」が積み重なることで学習します。よい学習の機会をたくさん取り入れましょう。

❻慣れ度合いのゴールを決めるのはシマリスです。「思ったほど慣れない」とは思わないでください。

慣らし方の一例

1. 環境に慣らす

突然見知らぬ場所に連れてこられてシマリスは不安でいっぱいです。まず大切なの

世話をするのに、
驚かせないように声をかけましょう。

は、新しい環境に慣らすことです。迎えて数日はかまわないでおきましょう。世話をしないということではなく、積極的なコミュニケーションは控えるという意味です。

シマリスはケージから周囲を観察しながら、ここは安全なのかどうかを判断します。カバーをかけてケージを目隠ししてしまうと、周囲からの情報が遮断されてしまいます。周囲の様子は見えるようにしておきましょう。

ケージ内には、巣箱など隠れられる場所は必ず用意します。ケージ内は安全だと感じてもらうことも大切です。

どうしてもシマリスがケージ内で落ち着かないようなら、ケージの一部にカバー（爪の引っかからないポリエステルなどの生地）をかけるなどして、薄暗くなるようにしておいてもいいでしょう。

食事と水を与えたり、トイレ掃除などのときは声をかけてから行いましょう。この段階では慣らすためというより、急に物音をたてると驚かせてしまうので「これから世話をするよ」という予告として声をかけてください。

ケージ内のレイアウトに危険な場所がないか、食欲はあるか、きちんと排泄しているか、くしゃみをしたり下痢をしたりしていないか、なども観察しましょう。もし異変があればすぐに動物病院に連れていってください。

2. 人に慣らす

シマリスが落ち着いてきたら、少しずつ、積極的にコミュニケーションをとっていきましょう。

慣らし始めるときに効果的なのは食べるものです。やさしく名前を呼びながら食事を与えるなどして、人に対する警戒心を少しずつ弱めてもらいましょう。

ケージ掃除をするときに驚かさないようにすることも大切です。ケージ内をいじられるのはシマリスにとっては警戒することです。十分に慣れてからならシマリスがケージ内にいる状態で掃除をしてもあまり問題ないのですが、まだ慣れていないときはシマリスを別のケージなどに移しておいて掃除するほうが、飼い主としても落ち着いて作業できるでしょう。

食器を入れるときにすぐ近づいてくるようになったら、人の手が怖くないと感じるようになっているので、直接、手から食べ物をあげてみます。食事メニューの中で特に好きなものがいいでしょう。

このとき、ケージの中に手を入れて与えるようにしてください。ケージには小さな扉がついているものがよいと前述しましたが（59ページ参照）、こうしたときに役に立ちます。

金網越しに食べ物を与えるのはできるかぎり避けてください。金網越しに食べ物をもらえることを学習してしまうと、金網をかじる習慣がつきやすく、歯のトラブルなどの原因になります。

3. そばにいるだけという状態に慣らす

まだ警戒心をもっている様子だったり、怖がっているようなら、飼い主という存在がそばにいることに慣らすという段階も必要かもしれません。

飼い主はケージのそばに座ったりして、特にシマリスに対してなにかアプローチをしたり、関心をもって様子を見たりせず、別のことをしているようにします。たとえば、読書をしていたり、テレビや動画を見たりといったことです。シマリスに「この人がそばにいても、なにも嫌なことは起こらないようだ」と理解してもら

うためです。

4. ケージ内でのコミュニケーション

まずは食べ物を介したコミュニケーションをしていきましょう。たとえば、手のひらに食べ物を乗せて、シマリスが手に乗ってこないと取れない程度の高さにし、怖がらずに乗ってくれるようにするといったことです。

食べ物を与えるときには名前を呼んだり、おやつだよ、などと声をかけたりして、その音声（名前など）とおいしいものをもらえることを関連づけておきましょう。

体にふれることにも慣れてもらいましょう。夢中でなにかを食べているときにそっと体をなでてみたりします。徐々になでる時間を増やしていきます。片方の手のひらにシマリスが乗っているときに、もう片方の手でやさしく包むようにしてみるのもいいでしょう。ただし、嫌がるようならしつこくせず、人の手に対して悪い印象をつけないようにしてください。

ケージの中だけでコミュニケーションをとる

ケージの中で、食べ物を介してふれあいましょう。

つもりでも、部屋の戸締まりは確認しておくなど、万が一ケージから脱走したときのトラブルを未然に防ぐようにしてください。

5. ケージから出す前に

ケージから出して部屋で遊ばせたいという方も多いでしょう。

部屋に出せる条件としては、室内の安全対策がしっかりできていること（156ページ参照）、ケージ内では十分に慣れていることなどがあります。

部屋で遊ばせたあと、シマリスを追いかけたりすることなくケージに戻す方法も考えておく必要があります。名前を呼んで好物を示しながらケージに入ることを促したり、その日に与える食事を少しだけ取り分けておいて、食器をケージに入れながらシマリスがケージに戻るのを促したりする方法があります。

最初のうちはケージに戻すのに思わぬ時間がかかることもあります。焦ってシマリスを追

人の手は怖くないことを教えましょう。

い回すようなことにならないよう、飼い主に十分な時間的な余裕があり、落ち着いていられることもケージから出すのに必要な条件といえます。

6. 部屋でのコミュニケーション

❋そのまま部屋で

シマリスを出す部屋がそれほど広くなく、比較的シンプルな部屋（ものがあまりごちゃごちゃと置いていないなど）なら、ケージから出して自由に探検させてみてもいいでしょう。飼い主は、シマリスの行動を観察しつつ、追いかけたりせずにリラックスして座っていればいいでしょう。飼い主の体に登ってくることもあります。飼い主の近くにきたら好物を与えてみて、「そばに行くといいことがある」と学習してもらいます。なでるなどしてふれあう時間を少しずつ作りましょう。

ひとしきり探検をすると、お気に入りの場所をいくつか定めることもよくあります。高い位置であることが多いです。

❋限られた空間で

シマリスを出す部屋がかなり広かったり、ものが多くて複雑な部屋だと、シマリスがどこに行ってしまったのかすぐに見つからない、ということもあります。部屋自体は広くなくても、ケージよりは開放された場所なので、それにとまどうシマリスもいます。限られた空間だけで遊ばせる方法もあります。

動物の種類によってはペットサークルで区切った中で遊ばせることもありますが、シマリスはジャンプ力があり、サークルで壁を作ってもよじ登ってしまうので、ペットサークルはシマリスには向いていません。

同じ樹上性動物であるモモンガ飼育でよく利用されているのが蚊帳です。古くから家庭で使われてきた、天井から吊り下げる底のないタイプではなく、インナーテントやモスキートネットとも呼ばれる、テントタイプやドームタイプの蚊帳を使います。アウトドアショップなどで扱っています。

ケージサイズによってはケージごと、あるいはキャリーケースにシマリスを移してから蚊帳の中に置き、飼い主も蚊帳に入り、出入り口を閉じてシマリスを自由にさせます。蚊帳を使う場合、シマリスがかじって穴を開けていないかどうかの点検が欠かせません。

シマリスのハンドリング（持ち方）

シマリスは密なコミュニケーションをするタイプの動物ではありませんが、自分から手に乗ってきてくれることはよくあります。好物をあげたりなでたりといったコミュニケーションができるのは楽しいひとときです。

それだけでなく、健康管理や飼育管理のうえでシマリスを守るために、シマリスの動きを制限することが必要な場合もあります。

基本的な持ち方

❋ 手に乗せる

好物があれば自分から乗ってくるよう慣らしておくのは大切です。慣れてくると、自分から乗ってくるようにもなります。

自分から乗ってこないシマリスを手に乗せるには、両手ですくいあげるようにします。慣れていないとすぐ降りてしまうので、

まずは自分から手に乗ってくるよう練習するのがいいでしょう。

❋ 移動させる

ケージ内のシマリスを、飼い主が手で持って室内に出すなど、ごく短い距離なら、好物などで誘って手の上に乗っている状態で移動させることができます。

距離があったり、移動時に飼い主が立っているようなときは、面倒でも小さいプラケースなどの容器にシマリスを入れて移動させるのが安心です。手に乗せたままだと体をつたって降りてしまったり、飛び降りてケガをする心配もあります。

シマリスを手に乗せるには両手ですくうようにします。

手の上にいるシマリスをもう片方の手で包むようにします。

❋ 軽く動きを制限する

片手の上にいるシマリスを、もう片方の手で包むようにして動きを制限します。このとき、シマリスの乗っている手を自分の体（みぞおちのあたり）にひきつけ、片方の手で包むようにすると、飼い主によく慣れているシマリスならより安定するでしょう。

嫌がって暴れたり、人の手を噛むこともあるので、様子を見ながら短時間やってみます。

❋ 前後には手を洗って

シマリスはにおいにも敏感です。衛生面も考え、ハンドリングの前にはよく手を洗っておきましょう。また、終わったあとも手を洗ってください。

楽しみながらの学習を

人に慣れていても、つかまれるのは嫌がるシマリスは多いものです。無理をしてはいけませんが、慣れているシマリスなら、日頃のコミュニケーションのなかでシマリスの体にふれながら、つかまれる感覚を学習してもらうのもありでしょう。楽しいことと結びつけるのがポイントです。

少しの時間、動きを制限したら好物を与え、その時間を少しずつ伸ばしたり、手先などにふれる、仰向けにしてみるなどのふれかたを取り入れていきます。

シマリスと飼い主の手とで、いわゆるプロレスごっこをするという場合もあるかと思います（シマリスが飼い主の手にじゃれつく遊び）。シマリスにとってはおそらく、子どもの時期にきょうだいのシマリスと遊んだ経験が再現されているのではないかと想像されます。あまりしつこくしていると興奮して噛んでくることもあるので長時間はやめましょう。

革手袋を使う方法について

革手袋は噛まれたときのダメージが少ないのですが、厚手のものは指がうまく動きにくかったりするため、気をつけないと思わず強い力でシマリスをつかんでしまうこともあります。自分が使いやすいものを選んでください。また、シマリスの気が荒くなっていてどうしても素手では危険なときに使う程度にしておくほうがいいでしょう。

名前を呼ぶのは
いいことがあるときだけ

シマリスは名前を「自分の名前」としては覚えないですが、その音声とできごととをリンクして覚えることはできます。

名前を呼びながら好物を与えていれば、「名前」＝「いいことがある（好物がもらえる）」と学習するので、呼ばれると寄ってくるようになります。このように名前に反応するようにしておけば、部屋で遊ばせているシマリスを呼び戻すときなどに役立ちます。

ほかにも、シマリスがなでられることに慣れ、気分よさそうにしているならそういうときにも名前を呼んであげましょう。

個体差をみきわめて

　手で持つことに関しても、とても個体差が大きいものです。飼育管理や健康管理上は、ある程度動きを制限して、体の隅々までさわれるくらいが望ましいのですが、決して無理をしてはいけません。そのシマリスがどこまでならストレスが少なく、許容範囲なのか、よくみきわめてください。無理をすればシマリスには大きなストレスとなり、ケガをさせるリスクもありますし、飼い主がケガをする場合もあります。

やってはいけない持ち方

❌ 尾をつかむ

　尾をつかんで引っ張ったり持ち上げようとしないでください。尾が切れたり、尾の皮膚が抜けてしまうことがあります（210ページ参照）。移動しようとするシマリスの尾を床に押さえつけるようにして動きを止めようとするのも同様に危険です。

尾をつかんだり、
尾を押さえつけたりするのは危険です。

❌ 持ったまま立つ／歩く

　特に慣れていない間は、シマリスを手に持ったままで立ち上がったり、歩き回ったりしないでください。シマリスが落下するおそれがあります。

❌ わしづかみにする

　シマリスがこちらに気づいていないときや、さわられること、持たれることに慣れていないうちに、シマリスの上部からわしづかみにするのはやめてください。シマリスにとっては本当に猛禽類につかまれるようなもので、非常に驚き、恐怖を感じてしまいます。

❌ 追い回す

　つかもうとして追い回さないでください。恐怖心が増してますますつかみにくくなってしまいます。尾を踏んでしまうようなトラブルも起こりやすくなります。

❌ 飼い主が緊張する

　シマリスを持とうとするときに飼い主が緊張しないようにしてください。緊張感はシマリスにも伝わり、より警戒してしまいます。リラックスして接しましょう。

保定

　保定は、動物の動きをしっかりと制限する方法です。動物が動かないようにし、なおかつ扱う人のほうも噛まれにくくするというものです。動物病院で行われる場合がある方法です。

シマリスの運動と遊び

運動と遊びはなぜ必要?

運動の必要性

シマリスは運動量の多い動物です。野生下での観察では、行動圏が最大直径300mとされています。サッカーコートの長辺は約100mなので、サッカーコートを縦に3面並べた長さを直径とする円を想像してみてください(行動圏が真円なわけではありません)。

また、シマリスが走る速度は時速19kmとされています。マラソンの世界記録では男性が平均時速20km、女性が19kmということなので、マラソンのトップランナーが走る

閉まっている窓から外を眺めます。

運動能力抜群のシマリスのジャンプの瞬間を激写!!

速度をイメージしてみるといいでしょう。なお、シマリスが常に全速力で走っているわけではありません。

ジャンプ力もすぐれ、木の枝から枝まで70cmくらいはジャンプできるのだとか。

このように本来は広い場所で暮らしています。常に走ったりジャンプしたりしているわけではなく、のんびりとすごしている時間もありますが、たくさん動き回る動物であり、できるだけ運動の機会がある飼い方をする必要があります。

遊びの必要性

シマリスにも遊びが必要です。ここでいう遊びとは、ひとつは56ページで説明した「環境エンリッチメント」です。豊かな行動レパートリーが再現できるよう、本来、行っている行動のエッセンスを飼育環境に取り入れてください。シマリスが退屈せず、精神的な満足感を持てるようにしましょう。

もうひとつは飼い主とのコミュニケーションです。シマリスは野性味が強く単独生活をする種類の生き物で、本来は無理やり慣らすべきではない動物です。しかし、飼育管理するのであれば、程度の違いはあっても慣らす必要があります。

慣れの延長線上にあるのが積極的なコミュニケーション、シマリスとの遊びということになるでしょう。人とのコミュニケーションや体にさわられることが嫌でなくなってくれれば、飼育管理や健康管理面でも助かります。人とどのくらいの距離感を望んでいるのかはシマリスによって違うので、よく観察しながら、

シマリスがストレスにならない距離感や遊び方を見つけてください。

ケージ内での運動と遊び

ケージから出して遊ばせようと思っている場合でも、シマリスがケージ内で過ごす時間のほうが圧倒的に長いのが一般的かと思います。ケージ内でシマリスがいろいろな動きができるケージレイアウトを考えましょう。

取り入れられるエンリッチメントグッズには多くの種類がありますが（67ページ参照）、それらを設置しすぎるとかえって動き回りにくかったり、ケガの原因になったりします。ケージ内の掃除にも手間がかかります。いろいろなものを設置するならそれだけ大きさのあるケージが必要となります。

また、新しいものを取り入れたら、安全に使えているかをよく観察しましょう。

ケージ内での運動と遊びの注意点

回し車は運動量を増やすのに簡単に取り入れられるものですが、回さない個体もいます。また、ただひたすら回し車を使うのは、まっすぐ走り続けるようなもので、シマリスの動きとしては必ずしも自然ではないので、回し車ばかり使う場合は、時間を決めてケージに入れ、他の動きをする機会を作るのもいいかもしれません。

ケージ内に置いたおもちゃ類は時々交換、変更して、シマリスに「あれ?」と思わせる機会を作るといいでしょう。

止まり木の位置を変えるなどのレイアウト変更は、よい刺激になりますが、変えたレイアウトに対応できているかよく観察してください。神経質なシマリスの場合は控えたほうがいいかもしれません。高齢になると環境変化に適応しにくくなります。より安全な環境にするためのレイアウト変更以外は、控えたほうがいいでしょう。

遊びのレパートリー

遊びながら覚えてほしいこと

遊びながら名前を呼び、来たら好物を与えるようにし、名前に反応するようにしておきましょう。好物の入った容器を振る音で呼ぶこともできますが、いつでも使えるわけではないので、名前での練習もしておきます。

体にさわる練習も遊びながらしておきましょう（152ページ参照）。

手の上で休憩、おやつタイムです。

一緒に遊ぼう

食べ物を使った遊びはシマリスのモチベーションも上がりやすいでしょう（103ページ参照）。

手にじゃれついてくるときに、体をくすぐったりして遊ぶプロレスごっこをしたり、体をなでながら、気持ちよさそうにする場所を探すのもいいでしょう。

シマリスではあまり多く取り入れられてはいないようですが、小動物ではトリック（いわゆる「芸」）を教えることも行われています。トリックも学習によって覚えるもので、しくみを簡単にいうと、「なにかをしたらいいことが起きたので、またそれをやるようになる」というものです。たとえば輪くぐりなら、たまたま輪をくぐったときに好物がもらえたからまた輪をくぐる、あるいは、たまたまおもちゃをくわえて飼い主のそばに来たときに好物がもらえたからまたやる、というわけです。ただしシマリスは、いろいろなトリックを教えるには活発すぎ、マイペースすぎるかもしれません。「呼んだら飼い主のところに来る」こと以外は、あまり無理しないでください。

ケースを利用した手作りおもちゃです。

部屋に出す場合の注意点

ケージから部屋に出せば運動量は増しますし、いろいろな行動が促せるので、可能なら部屋での運動と遊びの時間を作るといいでしょう。走り回る様子を見るのは楽しいですし、肩に乗ってきてくれるのも嬉しいものです。ただし、室内にはシマリスにとって危険なものがたくさんあります。部屋で遊ばせるなら、必ず安全な環境を作ってください。場合によっては限られた空間を作るか（150ページ参照）、ケージから出さずにケージ内の充実をはかるという方法もあります。

ケージから出している時間に決まりはありませんが、あくまでもケージ内がシマリスの住まいなので、適度に時間を区切り、必ずケージに戻してください。

自分の動きに気をつけて

飼い主は、自分の動きに注意してください。シマリスは慣れていればいるほど人のそばに近づいてきますし、動きが素早いので、離れていると思っていたら急に足元に来ていることがあります。うっかり踏む、蹴るといった危険があります。シマリスを遊ばせている部屋では「すり足」を心がけたほうが安心です。

シマリスがラグマットの下、クッションの下などにいるときに座ってしまわないよう、シマリスがどこにいるかは常に確認してください。

小さな子どもやシマリスの動きに慣れていない人がいる場合は、急に動いたり走ったりしないようにしてもらうか、シマリスはケージに入れておくのも選択肢です。

危ない場所には行かせない

トイレや風呂などの水場には行かせないでください。台所も危険です。どうしても台所もシマリスの行動範囲になってしまうなら、台所を使うときには必ずケージに戻してください。

家具の隙間などの狭い場所、テレビやパソコンの裏など電気コードやケーブル類が多い場所には行かせないようにガードしてください。普段見えない隙間がほこりで汚れていたり、セットしたまま忘れているゴキブリ取り、電気コードの配線などがあるかもしれません。

家具の上など高いところにも上るので、危険なもの、下に落としそうなものは片付けておきましょう。

危ないものは片付けておく

シマリスが口に入れそうなもの、かじったり舐めたりしそうなものはきちんと片付けておきましょう。医薬品、人のお菓子、消しゴムや輪ゴム、クリップ類、ビーズなどの小さなパーツ、タバコ、洗剤類、ビニール、発泡スチロールなどいろいろとあります。

電気コードはシマリスに届かない場所に

ケージの外は、シマリスにとって危険なものでいっぱいです。必ず安全な環境を用意して。

配線するようにするか、保護チューブなどでガードしましょう。

観葉植物には、ポトスなどの危険なものがあります。植物自体の毒性のほか、肥料や殺虫剤など使っているものは、別の部屋に移しましょう。

ゴミ箱に飛び込むこともあるので、蓋付きのものにしたり、シマリスを遊ばせるときは別の部屋に置くようにします。

ものではありませんが、犬や猫、フェレットなどのいない部屋で遊ばせてください。ハムスターなどの小動物でも、接触させないでください。

遊ばせる前の室内チェック

部屋のドアや窓が閉まっているかを確認してください。部屋に出してからあわてて戸締まりするのは、脱走のリスクのほか、扉や窓にはさむ危険もあります。

遊ばせたあとの室内チェック

台所にも行けるようになっている場合、冷蔵庫の裏に巣材を運び込むことがあり、大変危険です。シマリスの動きをよく観察して、狭い場所に入り込んでいるようなら、巣材や食べ物など運んでいないか確認を。

電気コードが行動範囲にあるならかじっていないか確認してください。

どこかで排泄していることもあるので確認しておきましょう。

気が荒くなっている時期は？

秋冬に気が荒くなっている時期は、無理に部屋に出さなくていいでしょう。攻撃的になる理由（160ページ参照）を考えると、わざわざシマリスと人が一緒になる空間を作らないほうが、シマリスにとってもよいでしょうし、飼い主に噛みついてきたときについ振り払ってケガをさせるおそれもあります。

Enquête

シマリスアンケート **3** 運動やコミュニケーションで部屋に出す時間は？

飼い主さん27人にお聞きしました

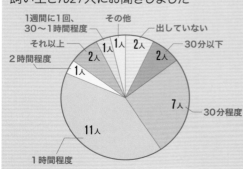

1週間に1回、30〜1時間程度　1人
その他　1人
出していない　2人
30分以下　2人
それ以上　2人
2時間程度　1人
30分程度　7人
1時間程度　11人

5匹を3グループに分けて、全部で2時間強くらいです（カン&ココ♬さん）／冬場は太るタイプのため、毎日ではなくとも仕事のない日などは、なるべく出して運動させたいなとは考えています（こしまさん）／最初は部屋中トイレにされて大変でしたが、今は部屋では排泄しません（みつきさん）／1日の中で数分出してを何回かして遊んでいます（ぶんさん）／最近は高齢ということもあり短めですが、6歳くらいまでは1〜1.5時間程度でした（シマリストきむらさん）／その日にもよりますが自分でケージに戻るまで出しています。短い時は5分くらい、長いと数時間です（紅雪さん）／学生の頃、帰宅したら数時間リスと遊んでいました。フードの中で寝ているだけのことも（まひろさん）

秋冬に気が荒くなることについて

シマリスが噛みつく
さまざまな理由

　噛みつく理由として最も多いのは、強い恐怖心によるものでしょう。本来はシマリスにとって人は大きく、こわい存在です。本当なら逃げ出したいのですが、逃げることができないと必死になって噛みついてきます。「窮鼠猫を噛む」ということわざもあります。動物行動学では「闘争か逃走か反応」といいます。攻撃すれば勝てると思っているのではなく、追い詰められてそうするしかないのだといえます。

　ほかには、繁殖シーズンにはオス同士の抗争があったりメスが子どもを守ろうとしたりする時期なので、人に対して攻撃的になることがあります。成長期に噛みつくのは自己主張が強くなるからといえそうです。

　普段はよく慣れているとしても、体を無理につかまれるなどとても嫌なことをされたとき、急にシマリスの前に手を出すなどしてびっくりさせたときなどに噛みつくことがあります。体調が悪いときにはかまわれたくないために噛みつくことがあるので、慣れているのに急にどうしたんだろうと思ったときは、健康状態をチェックしてみてください。

シマリスの体内での変化、冬眠時期と気が荒くなる時期の関係

シマリスの体内での変化

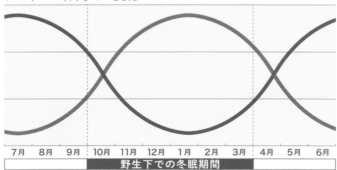

シマリスの気が荒くなる時期

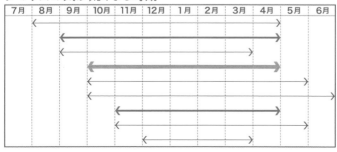

上段のグラフは、シマリスの体内での冬眠特異性タンパク質(HP)の変化です。赤線はHPの血中濃度が冬には下がることを、緑線は脳内濃度が冬には上がることを示しています（詳しくは29ページ）。中段は野生下のシマリス（エゾシマリス）が冬眠している時期です。下段は飼い主アンケートより、秋冬に必ず毎年、あるいはほぼ毎年気が荒くなるシマリスの、気が荒くなっている時期を示しています（線が太いほどより頭数が多い）。このように、シマリスの気が荒くなる時期は、体内での変化の時期や冬眠時期と関わりがあると考えられます。

秋、頬袋に入れた食べ物をどこに隠そうか思案中。

噛まないように
するしつけはできないの?

　噛まないようにするしつけはできません。噛まれたときに叩いたりすれば、おびえて噛まなくなるかもしれませんが、信頼関係も崩れてしまいます。海外の飼育書には、鼻を叩いたり首筋を軽くつまむといったことが書かれています。「嫌なことがあるので、その行動をしなくなる」という学習のひとつではありますが、人の手が怖くなるリスクもあります。決して叩かないでください。

　一番いいのは、噛まれる状況を作らないことです。慣らすのに時間をかける、シマリスを追い詰めないといったことに気をつけるほか、時期的に攻撃的になっているときは、積極的にかまわないというのもひとつの方法です。

秋冬だけに気が
荒くなるのはなぜ?

秋冬に気が荒くなるとはどういうこと?

　シマリスが秋冬になると急に気が荒くなり、人に噛みついてくるようになることがあります。

2006年に行ったアンケートでは51%の方が「秋冬に気が荒くなる」と回答し、今回行ったアンケートでは毎年かほぼ毎年という回答が50%となっています。飼われているシマリスのうち半数が、秋冬になると気が荒くなることがわかりました。

　ここでいう「秋冬に気が荒くなる」とは、それまでは人に慣れていたのに、秋のある日から急に攻撃的になり、人がなにも嫌なことをしていないはずなのに噛みついてくるようになり、秋〜冬とそれが続き、春になるとある日突然、急に攻撃性がなくなり、以前と同じ慣れているシマリスに戻る、というものです。ちょっと噛むという程度ではなく、本気で噛みついてくるため、噛まれる場所によってはけっこう出血してしまうこともあります。人がケージに近づいただけでもケージ内から威嚇してきたりもします。飼い主の間では「タイガー期」や「噛みリス」などと呼ばれています。

秋冬に気が荒くなる理由とは

　その理由は科学的に解明されているわけではありませんが、攻撃的になっている期間が、野生下ではシマリスが冬眠をしている期間と重なっていることから、冬眠することと関係していると考えられます(159ページ参照)。

　29ページで説明しているように、シマリスは地下の巣穴で単独で冬眠します。もしそんなときに近くにほかの生き物がいれば、安心していられるわけがありません。また、体内でも冬眠にともなう大きな変化が起きています。

　このようなことから、冬眠する能力をもつシマリスは、実際に冬眠状態になるならないに関わりなく、近くにいる生き物(飼い主)を排除

しようとする意識がきわめて強くなり、攻撃してくるのではないかと思われます。

慣れているシマリスのほうが攻撃的になりやすい傾向もあるのですが、敵（飼い主）が未知の存在ではないため、警戒心や恐怖心よりも追い払いたいという気持ちのほうが上回るからかもしれません。慣れていないシマリスの場合は、警戒心のほうが上回っているのかもしれません。

気が荒くなる時期の対応

なだめることはできませんし、しつけもできません。攻撃的になっている間は距離をとって接するしかないでしょう。

シマリスとしても、「ひとりでいたい」という気持ちが強くなっていると考えられるので、かまわれないほうが安心感があるのではないでしょうか。

とはいえ、飼育管理や健康管理もお休みにするわけにはいきません。ケージの掃除をしたり食事をケージに入れたりするときは、シマリスを別のケージやプラケースなどに移しておき、その間に世話をしましょう。体をさわっての健康管理は難しいですが、見た目や食欲、排泄物を見て健康チェックをしてください。もし異変があったら動物病院に連れていってください。

ケージから出して遊ばせる習慣がある場合は、気が荒くなっている時期は出さないという選択肢もあります。

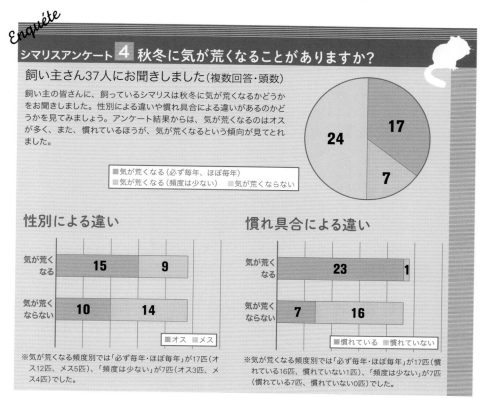

Enquête

シマリスアンケート **4** 秋冬に気が荒くなることがありますか？

飼い主さん37人にお聞きしました（複数回答・頭数）

飼い主の皆さんに、飼っているシマリスは秋冬に気が荒くなるかどうかをお聞きしました。性別による違いや慣れ具合による違いがあるのかどうかを見てみましょう。アンケート結果からは、気が荒くなるのはオスが多く、また、慣れているほうが、気が荒くなるという傾向が見てとれました。

24 / 17 / 7

- ■気が荒くなる（必ず毎年、ほぼ毎年）
- ■気が荒くなる（頻度は少ない）　■気が荒くならない

性別による違い

	オス	メス
気が荒くなる	15	9
気が荒くならない	10	14

■オス　■メス

※気が荒くなる頻度別では「必ず毎年・ほぼ毎年」が17匹（オス12匹、メス5匹）、「頻度は少ない」が7匹（オス3匹、メス4匹）でした。

慣れ具合による違い

	慣れている	慣れていない
気が荒くなる	23	1
気が荒くならない	7	16

■慣れている　■慣れていない

※気が荒くなる頻度別では「必ず毎年・ほぼ毎年」が17匹（慣れている16匹、慣れていない1匹）、「頻度は少ない」が7匹（慣れている7匹、慣れていない0匹）でした。

コミュニケーションの Q&A

Q① シマリスはどこをなでると喜びますか?

A そもそもさわられたりなでられたりするのを嫌がるシマリスも多いですし、密なコミュニケーションが望まれる動物でもないのですが、健康管理上は体をさわられることに慣れてほしいので、無理のないように慣らしていくといいでしょう。

慣れているシマリスでは、耳の後ろや顎の下を軽く掻くようにすると気持ちよさそうにすることはあります。

Q② 首輪をつけて外で散歩できますか?

A シマリス用として首輪が市販されていますが、シマリスには使わないでください。嫌がらない個体もいますが、リスクも多いので、やめましょう。多くのシマリスは嫌がり、狂ったように暴れる個体もいます。外そうともがいて、前足を引っかけて思わぬケガをすることもあります。また、首輪をしたままにしていると、金具がケージ内などに引っかかり、首吊り状態になるおそれがあります。首輪をしている部分に皮膚炎が起きることもあります。

リードも市販されていますが、シマリスはさまざまな方向に動き回りますから、リードに絡まって危険です。

屋外での散歩も、行ってはいけません。

なにより逃してしまう危険があります。猫やカラスなどに襲われるとシマリスも不幸ですが、外来種を飼育している責任としてあってはなりません。こういった問題もあるうえ、健康管理上も屋外に連れていく必要はまったくないので、散歩は室内に限ってください。

Q③ ケージから出さないでも飼うことはできますか?

A 問題ありません。そのかわり、十分な広さのケージで、さまざまな変化のある行動ができるような環境を作ってあげるとよいでしょう。ケージから出している時間があるほうが人とのコミュニケーションの時間も多くなり、人の手に慣れやすいかと思いますが、ケージ内のみでの飼育でも、人の手を怖くないと思ってもらうことは大切なので、飼育管理や健康管理の面でも、ケージ内でのコミュニケーションを大切にしてください。

Q④ 秋冬に気が荒くならないようにする方法はありますか?

A すべてのシマリスが秋冬に攻撃的になるわけではないので、気が荒くならないシマリスを購入すればよく、前述のように、おそらく冬眠する能力をもつシマリスが攻撃的になる要素をもっているので、冬眠する能力をもたないシマリスを迎えればいいのですが、迎える段階で判断はつきません。

私見ですが、気が荒くなるシマリスが

飼い主の間で話題になるようになった時期と、シマリスの輸出元が韓国から中国に変わった時期がおおむね同時期なので、冬眠しないものもいるという朝鮮半島産のシマリスから、冬眠する中国産のシマリスに変わったことも、気が荒くなるシマリスの登場と関連があるのかもしれません。

攻撃的になる要素をもつ（冬眠する能力をもつ）シマリスでも、あまり人に慣れていないと攻撃的にならない傾向、逆にいえば慣れているほうが攻撃的になる傾向があるようです。慣れていないと人に対する恐怖心が大きいですが、慣れていると恐怖心が薄いために攻撃してくるのだと想像します。つまり、慣らさなければいい、ということになってしまいますが、飼育するからには慣らすことは必要です。シマリスを飼育する以上、その個体の気が荒くなる可能性は避けられませんが、それも含めてシマリスだと理解してあげてほしいと思います。

Q⁵ シマリスに穴掘りをさせたいのですが、どういった方法がありますか？

A 穴を掘ることはシマリスがもともと身につけている能力です。ケージから出して遊ばせているときに、室内に置いてある鉢植えの土を掘ったり、食べ物を隠したりする光景を見ることもあるかもしれません。

プランター、水槽、プラケースなどに土を入れたものを用意して、土掘りや食べ物隠しをさせてあげるのもいいでしょう。好物を隠しておいて、食べ物探しをさせることもできます。土は安全なものを用意します。園芸用の土は化学肥料が含まれていることもあるので、小動物用の床材として市販されている土がいいでしょう。排泄することもあるので土は適宜、交換を。なお、穴掘りさせる容器に高さがないと、周囲に掘った土が散乱することもあるので、新聞紙やマットなどを敷いておいたほうがいいでしょう。

Q⁶ 部屋に置くと危ない植物はありますか？

A 観葉植物や園芸植物のなかには、毒性があって動物が口にすると危険なものもあります。その数はとても多いので、すべてを挙げることはできませんが、なにか植物を置きたいときは、「安全」を確認してからにしましょう。

観葉植物ではポトス、ディフェンバキアなどのサトイモ科の植物に毒性があることが有名です。アジサイ、スイセン、ペチュニア、キキョウ、キョウチクトウ、クリスマスローズ、シクラメン、スズラン、ヒヤシンス、ポインセチアなどのなじみのある植物にも毒性成分があるので、シマリスからは遠ざけて。

シマリスを迎えて、慣らすときに気をつけていたことを
お聞きしてみました。

● 手を噛まれても振り払わないようにしました。振り払って、飛んでいったらケガをするからです。
（澤田さん）

● ヒマワリの種などの美味しいオヤツは、名前を呼んで手渡ししています。最初はケージの外から、徐々にケージの中に手を入れていきました。慣れてきた頃にヒマワリの種を乗せた手を少し高く（背伸びで届かないくらいに）上げると、ぴょんと手乗りになりました。種がなくなっても、そのまま少し、手で遊んでもらいます。
（ころんさん）

● ベビーのときに、ペットミルクをあげるたびにスプーンを鳴らして知らせていると、その音を聞いたら寄ってきてくれるようになりました。大きな音を立てない、びっくりさせないことに気をつけていました。
（せんとんさん）

● おどおどする子なのか？ 積極的に絡みにくる子なのか？ など個性を見ます。時間経過でも変化するのでその都度、様子を見ながら距離感

を測っています。慣れるまで根気よくつき合うことに気をつけました。必ず常に話しかけ、会話や説明をして接します。
（ここなぎさん）

● 見守りながら、シマリスのペースを尊重しました。
（えびちゃんさん）

● 毎日同じリズムでご飯、お散歩、オヤツをあげました。朝晩、愛情をこめて数回声かけし、距離が縮まるまで時間をかけました。
（モイラさん）

● うちの子はビビりだったので2ヶ月ぐらいケージから出さず、出すようになってからも距離を取って見守っていました。シマリスのほうから警戒しながらも寄ってきてくれて、徐々に慣れていきました。
（ベンジーさん）

● 最初は無理にさわらず、毎日声をかけて手の平にオヤツを乗せてあげたりしました。さわるときも声をかけながら少しずつ接しました。
（まるまろさん）

● ペットショップにお迎えに行くときは、床材を敷いたプラケースにカイロを貼り、しかし暑くなりすぎないよう、毛布ではくるまず、できるだけ怖がらせないようにしました。プラケースで約2週間飼育し、目をはなさない、外に離さない、怖がらせない、を意識しました。毎日の食事の交換、床材の交換は"ワンタッチの蚊帳"の中で行い、慣れてきたところで大きいケージに移しました。
（アースのなかまさん）

●ケージに手を入れて、手に乗るまで動かさずに、ケージの一部と思わせました。

（稲田周一さん）

●とても噛む子なので、まずは手に慣れてもらうのが大変でした。手が毎日傷だらけでした。今はあまり噛まなくなりました。　（みつきさん）

●小さな子がいないので、誰も無理矢理はさわらないのですが、嫌がらない程度にはさわるようにしています。　（松田登志子さん）

●あまりスキンシップを取りすぎず、ただ存在だけは感じさせるようにしていた気がします。ご飯をあげるときに、まずは手の上にだけご飯を乗せてシマリスの目の前に持っていっていました。手の上で食べるようになると、手の上で食べているうちに食器を置くことができ、脱走を予防することもできます。

（シマリストきむらさん）

●お迎えして1週間はほとんどケージから出さずに、ケージが安全で安心できる場所だと認識してもらいました。その間、食事とは別にオヤツをケージ越しに名前を呼びながらあげていました。私のにおいのついたタオルをケージの中に入れておきました。　（かりんとうママさん）

●うちは主治医に診てもらうため、代々必ずプラケースに慣れされるようにしています。毎朝の食事交換、掃除のさいはプラケース待機です。自ら入るようにヒマワリの種やエゴマなどで誘っていますが、プラケース慣れしていると通院のさいも診察しやすいのとストレスも多少は弱められるかと思うからです。また、毎朝体重も測ることできます。　（こしまさん）

日頃、どんなことをしてコミュニケーションをとっているかをお聞きしてみました。

●シマリスは専用部屋で過ごしてもらっています。その部屋に入るとき、ドアをいきなり開けるとビックリして飛びのくので、小さめにノックをして名前を呼んで「開けまーす」と声をかけ、驚かさないようにしています。何かをするときにも無言でせずに、名前を呼んで「○○するよー」と話しかけています。へやんぽをするときはよそ見をしていると怒って噛みに来るので、いつも顔が見えるところで待機しています。
（トロさん）

●へやんぽ中にケージの外でご飯タイムにし、寄ってきたらたくさん撫でてあげたり、じゃれたりしてもらいます。　　　　（さつきさん）

●ぬいぐるみでプロレスごっこです。手じゃれはしてくれません。おやつを持つと抱っこさせてくれます。　　　　　　　　（ベンジーさん）

●慣れている子は手が大好きでじゃれたりしてくるので、お腹を優しくこちょがして遊んだり、両手で抱っこすると、そこでオヤツを食べたりします。　　　　　　　（まるまろさん）

●シマリスがふれ合いたいときは、手じゃれをして、そうでないときは、蚊帳の中で好きに遊ばせています。何よりもシマリスペースで遊んでいます。　　　　　　　（チップママさん）

●タイガー期（気が荒くなっている時期）ではないときですが、ケージから出すのに、手のにおいを嗅がせて抱っこしてから出すようにしています。へやんぽできるときは、長めにし、頭や体を撫でますが、眠たいときに撫でると、気持ちよさそうにヘソ天してくれます。（cocoaさん）

●うちの子は手でつかまえられるのを嫌がるので、できるだけわしづかみにしないで、ケージに戻すときは手に乗ってもらうようにしています。猫じゃらしや小さい人形と遊ぶことが好きです。　　　　　　　　　　（にこさん）

●一日1時間程度のへやんぽで、つかず離れず自由に過ごさせています。手からおやつをあげたり、止まり木がわりになったり、種を服に隠しにきたり。たまにボール遊びをしたり、じゃれてきたときには相手をします。　（ちょこさん）

●りんごは、手じゃれをしたりぬいぐるみを投げると遊んだりしてくれます。先代は人に登るのが好きでした。膝に1時間とか寝そべっていました。初代はおやつがないと近寄ってくれない子でしたし、個体によって性格が全然違うと思います。　　　　　　　　　（ごはんさん）

● スキンシップはあまり取っていなくて、へやんぽのときなどは基本的に見守っている程度です。あとは一日に数回、ケージの外から指をチョイチョイ動かして、最終的にシマリスに甘噛みされるというのをやっている気がします（飼い主自身、無意識でなんとなくこれをやってしまっている気がします）。　　　（シマリストきむらさん）

● 手の上でごはんをあげるようにしています。服の袖の中にごはんを入れると、入ってきてくれるのでかわいいです！　機嫌がよいときは指を甘噛みしてくるので、おなかをこちょこちょしてあげると、くるくる回って遊んでいます。
（まめさん）

● 朝、食事をあげるときに器を手に持って手の上で食べてもらうようにしています。おさわりチャンスタイムなので嫌がらない程度に撫で回したり、ほっぺをすりすりしたり、体をさわって痛がるところはないか、体温はいつも通りかなども確認しています。爪切りもこのときにしています。　　　　　　（かりんとうママさん）

● 俗にいうプロレスごっこを毎朝しています。床にいるときに足をパンパン叩き、"登っておいで〜!"としたりします。オヤツが入った瓶を振って音を鳴らしてから、オヤツをあげるようにすると、出てきてほしいときに瓶を振ると来てくれるので楽ちんです！　　　（マリンさん）

● 日頃から必ず接するようにしています。声をかけるとか、ナデナデするとかです。
（メイちゃんパパさん）

● おやつは手から、毎日話しかけます。
（繁松風都さん）

● 毎朝へやんぽしたり、わりと好きなようにさせています。そのせいか、ちょっとわがままになってしまったかもしれません。　　　（さくさん）

● 秋冬は近づかないようにしています。春夏は自由にさわらせてくれました。　（シゲッチさん）

シマリスアートギャラリー

World of
Chipmunk
Sculpture

工房
kokimoku

なんと愛らしいシマリスたち！ 多くは7～8cmほどのサイズながら存在感は抜群。画家の小泉春樹さんと奥様で立体作家の順子さんによる作品です。彩色はウッドバーニングという木を焦がす手法によるもの。かつて絵のモデルとして迎えたシマリス、プッチのかわいさに自然と立体作品が誕生したと

か。「アトリエを走り回る姿
や夜寝る時の丸まった様子
などは今でも目に浮かびま
す」と順子さん。だからこそ
生まれる生き生きとした表
情や仕草なのですね。

工房kokimoku－小泉春樹・順子の
作品公式サイト
https://www.kokimoku.com

シマリスをかわいく素敵に撮る！

　自慢のわが子をカメラに収める機会も多いことでしょう。背景にゴミ箱が写っていたり、かわいい仕草を撮り損なうことはありませんか？　素敵な写真を撮るための、ひと工夫を本書のカメラマン井川俊彦さんが解説してくれましたよ！

　樹上＋地上性のシマリスは、ハムスターなど他の小動物に比べても猛烈にすばしこく、予測不能な3次元の動きをするので撮影難易度は高いです。まずは、無理に動き回っているところを撮影するのではなく、"鉄板"ですが食事中や立ち止まって毛づくろいなどをしている仕草をねらいましょう。日頃から行動をよく観察していると、どのようなときに撮りやすいタイミングが来るか…を会得できるようになるはずです。

　写真を美しく撮る上で重要な役割を担うのが「光」です。日中の室内では外光（自然光）を上手に使いましょう。直射日光は陰影がきつく出るので、白いレースのカーテンを閉めて部屋全体に柔らかい光がまわるようにすると、ふわりとしたフォトジェニックな写真になります。

　構図は、真正面顔の場合は日の丸構図でもよいですが、やや横顔のときは顔が向いている方向に空間のゆとりをもたせると安定した構図になります。シマリス目線での撮影が基本ですが、ローアングル、ハイアングルなどいろいろな視点で撮影すると写真の雰囲気に変化を付けられます。スマホ・カメラの場合は、"自撮り棒"に取り付けて撮影するのがオスス

メです（グリップのシャッターボタンや無線リモコンボタンを使用）。シマリスの素早い動きに合わせて上下前後左右…と自由自在に楽な姿勢で撮影できます。

「あ、毛づくろいを始めた！」シャッターチャンス到来。素早くピントを合わせ、画面右側に余裕をもたせたフレーミングで連写。

おひげをキレイキレイ…。

0.5秒後に左へ瞬間移動…。

シマリスの繁殖

繁殖にあたって

繁殖の前に考えたいこと

　ペットを飼っていると、「うちの子のベビーが見てみたい」「繁殖させてみたい」と思うのはよくあることかと思います。幼いシマリスはとてもかわいいですし、懸命に子育てをする母親の姿に感動することもあるでしょう。

　しかし繁殖には、あらかじめ飼い主として考えておくべきことがいくつもあります。

命を生み、守る責任

　飼育下では、飼い主がオスとメスを一緒にしないかぎり繁殖できません。新しい命は、飼い主が関わることによって誕生するのです。繁殖には以下に挙げるような注意すべき点もあります。飼い主には、命を生み出す責任、命を守る責任、そして外来生物を繁殖させる責任があることを心にとどめておきましょう。

母シマリスも、子どものシマリスも、終生を幸せに過ごせるよう飼い主がすべての責任をもってください。

母親となるシマリスの負担にならないか

　シマリスは約30日の妊娠期間を経て、およそ60日にわたって子育てが続きます。子育てに父親は関与せず、母親だけが行います。母親となるシマリスの体力的な負担も大きいものです。病気がちの個体や高齢の個体は繁殖させるのに向いていません。また、神経質すぎる個体は飼育下繁殖にはストレスを感じることも多いでしょう。

生まれた子どもたちの終生飼養

　通常シマリスは複数の子どもを出産します。生まれてきたすべての子どもたちを、終生に渡って責任をもって飼育し、幸せにしてあげられるでしょうか。子どもの数だけケージが必要になり、時間やお金もかかります。里親募集するなら、シマリスについて十分に理解し、責任と愛情をもって飼ってくれる飼い主を見つける必要があります。

飼い主にも負担がかかる覚悟を

　シマリスが安心して子育てできる環境作りが必要です。騒がしくしないようにするなど、気を使います。どんなに注意深く飼育管理をしていても、生まれた子どもたちが皆、無事に育つとは限りません。育児放棄や子食いなどが起こるリスクがあり、辛い思いをするかもしれません。育児放棄された子どもを人工保育するとなれば、時間的にも負担となるでしょう。

シマリスの繁殖データ

オスとメスの見分け方

シマリスはオスとメスとで外見に大きな違いがありません。オスとメスを見分けるには、生殖器を見て確認します。

肛門と生殖器との間隔が離れているのがオス、近接しているのがメスです。繁殖シーズンになるとオスは黒っぽく見える陰嚢がよく目立つようになります。メスは発情日には陰部が膨らみをもちます。

繁殖生理とデータ

性成熟

オスでは精子が作られ、メスでは卵子が作られ、繁殖が可能になることです。

春に生まれるシマリスは、生後約1年となる翌春には性成熟します。翌々年の場合もあるとする資料もあります。

繁殖シーズン

シマリスは季節性繁殖動物で、春に繁殖シーズンを迎えます。野生下であれば、冬眠から目覚めるとすぐに繁殖シーズンに入ります。

飼育下でも春が繁殖シーズンです。室温や室内の明るさ、栄養状態なども影響するとみられ、早いと12月くらいから発情期に入るシマリスもいます。2〜8月にかけて、特に3〜4月前半と6月の2回、交尾が多く見られる時期があるとする資料もあります。夏の終わり〜秋にかけて繁殖することもあり、年に2回の出産もまれにあります。

シマリスの生殖器

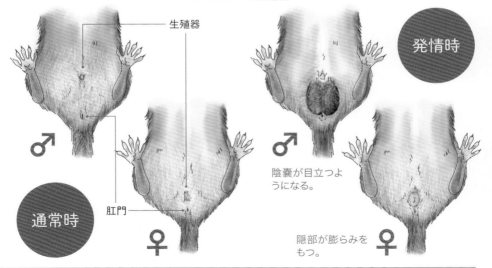

生殖器

♂

肛門

♀

通常時

発情時

陰嚢が目立つようになる。

隠部が膨らみをもつ。

♂

♀

発情周期と発情期間

　性成熟しているメスが繁殖シーズンに入ると、平均13〜14日周期で発情します（11〜21日の範囲がある）。発情日は3日続き、2日目にのみ交尾を許容するといわれます。

　オスは性成熟すると繁殖シーズンの間はずっと交尾が可能です。

発情時の行動や体の変化

　発情日には、メスが頬を膨らませながら「ホロ、ホロ」と鳴き声をあげます。起きている間は食事をしたり毛づくろいをしながらでも鳴いています。「ピッ」という鳴き声もあげます。あちこちに少しずつ尿をするにおいつけ行動が見られることもあります。秋冬に気が荒くなっている場合でも、発情鳴きをしている日は人に対して攻撃的にならないことも観察されています。陰部が腫大して、通常時よりも目立ちます。

くっきー君とまりーちゃんの赤ちゃんです（生後30日）。3きょうだいの成長記録は181ページから紹介しています。

　性成熟しているオスは繁殖シーズンになると陰嚢が大きくなり、目立ちます。飼育下ではオスも鳴くことがあります。繁殖シーズンはメスをめぐる戦いが起こるときでもあるので、攻撃的になる場合もあります。

分娩後発情

　出産直後にすぐに発情し、繁殖が可能になることで、ネズミなどで知られています。シマリスでは起こりません。

妊娠期間

　約30日です。28〜35日の幅があります。

生まれる子どもの数

　平均3〜5匹です。1〜10匹の幅があります。資料によっては12匹まであります。

乳頭の数

　乳頭は、脇の下から鼠径部にかけて左右に4対（8つ）あります。

オスのくっきー君とメスのまりーちゃん。まりーちゃんが発情期ではないので、くっきー君のアプローチに知らんぷりです。

子シマリスの成長過程

シマリスの子どもは、被毛は生えておらず、目も開いていない未熟な状態で生まれてきます。ネズミやハムスターなどと同じで「晩成性」といいます。同じげっ歯目のなかでも、モルモットやチンチラは、生まれたときにはすでに被毛が生え、すぐに歩いたりものを食べたりできる「早成性」です。

生まれたときの体重は3gほど、体長3cmほどです。

生後3〜5日ほどで耳の形がはっきりしてきます。生後10日ほどで縞模様があらわれ、生後14日以降には被毛が生えていることもよくわかります。耳の穴が開くのは生後25日頃で、生後30日までには目が開きます（開眼は14日以降とする資料もあります）。

生後1ヶ月ほどで、大人と同じものを食べられるようになり、生後約42日で、母乳を飲まずに自分で食べる食事だけでも暮らしていけるようになる個体も見られるようになります。野生下だとおよそ生後1ヶ月ほどで巣から出てくるようになり、2ヶ月で完全に独立します。

1964年という古い資料ですが、子どもの成長を細かく記録したものから一部抜粋して以下にご紹介します（イギリスでの記録）。

飼育下におけるシベリアシマリスの繁殖記録

生後2年のオスとメスを、メスが発情鳴きをしたときに一緒にし、数回の交尾が行われた。妊娠期間28日で、3月13日の朝、5匹が生まれた（成長したのはそのうちの3匹）。

5日目 ：	ピンク色だった皮膚の色が暗色になってくる。
8日目 ：	体長約2インチ（約5cm）。
10日目 ：	皮膚に縞が見られる。
14日目 ：	頭部と肩に被毛があらわれる。
15日目 ：	体長約3インチ（約7.6cm）。
20日目 ：	被毛の伸びが著しくなる。
24日目 ：	体長3.5インチ（約8.9cm）。
26日目 ：	1匹の目が開く（ほかの2匹は27日目、29日目）。
35日目 ：	もっとも大きく元気なオスが自発的に数秒間、巣から離れる。
36日目 ：	そのオスがヒマワリの種を持っているが、食べるのは見られない。
37日目 ：	3匹とも巣から出て走り回る。とても行動的。ブドウを舐めたり噛んだりしている。
38日目 ：	3匹ともケージ内の探検に長い時間を費やす。
46日目 ：	3匹とも忙しく争うように遊ぶ。
48日目 ：	3匹とも明らかに巣立ちのようで、親の3分の2の大きさになる。

"NOTES ON THE BREEDING OF THE SIBERIAN CHIPMUNK *Tamias sibircius* IN CAPTIVITY" より

繁殖の手順

親となる個体の状態

親となる個体が繁殖させるのに適しているのかを確認してください。無理そうなら繁殖させない、というのも適切な選択肢です。

□健康ですか？　特にメスは負担が大きいので、体調がよくなかったり、小柄すぎる、やせすぎているような個体は繁殖には向いていません。過度に太りすぎている場合も向いていません。メスが小柄でオスが大柄の場合、胎児が大きくて難産になるおそれもあります。

□遺伝性疾患はありませんか？　通常シマリスには血統書や繁殖証明書もなく、その個体の親世代や祖父母世代が遺伝性疾患をもっていたのかどうか確認することは不可能です。繁殖にあたる個体が、遺伝することがあるといわれる病気（不正咬合など）があるときは繁殖には向いていません。

※シマリスの不正咬合は遺伝性以外の原因が多いとみられます（196ページ参照）

□近親交配ではありませんか？　親となるオスとメスが親子やきょうだいなど近親の場合は繁殖に向いていません。異常をもつ子どもが生まれるおそれがあります。

□高齢ではありませんか？　繁殖できる年齢はオスが2〜5歳、メスが1〜6歳とする資料があります。ただしメスの6歳はすでに老化が始まっている年齢ですから、はじめての出産を6歳になってから行うのは不適

当です。はじめての出産は遅くとも4歳くらいまでがよいのではないかと考えられます。

□神経質すぎる個体ではありませんか？　よく慣れている個体でも、妊娠中や子育て中には神経質になりがちです。もともと神経質な個体だと、ちょっとしたことで育児放棄をしたり子食いしたりするおそれもあります。繁殖には向いていないと思われます。

お見合いから妊娠まで

事前の準備

繁殖させるオスとメスをどちらも家で飼育している場合、メスのケージが落ち着いて子育てできる場所にあるかを確認しましょう。交尾のあとは、オスのケージはメスのケージから離しておいたほうがいいでしょう。

知人の家庭のシマリスとお見合いさせるなど、別のところからシマリスを連れてくる場合、オスを連れてくる（メスは移動の必要がない）ほうが適切です。オスはあらかじめ家庭に迎え、

お互いに発情期になると、においを嗅ぎ合った後、交尾をします。

においなどでメスが存在に慣れるようにするほか、家庭内検疫（感染症などをもっていないかを確認する）を行います。

メスの発情日にお見合いさせる

メスが発情鳴きをし、陰部が腫大している日にオスとメスを会わせます。

安全な室内など広いところがいいでしょう。ケージ内でお見合いさせる場合は、できるだけ広いもので行ったほうがいいでしょう。メスがオスを追い払ったり攻撃することもあるので、十分な逃げ場が必要です。

お見合いさせるときは、必ず人がそばにいるようにし、激しいケンカになるようならすぐに分けてください。

うまくいかないときは、メスの次の発情日に改めて一緒にしてみてください。

交尾

タイミングがよければ交尾に至ります。交尾に至るかどうかはメスに選択権があります。オスのメスへのマウンティングは、数回にわたって繰り返されます。

交尾行動に関する資料では、10分間に10回、20分間に16回の交尾が行われること、一度の交尾の時間は5秒〜2分であること、交尾の間には追いかけ合いが行われること、オスではしばしば、メスでも時々、相手の生殖器周辺のにおいをかいだり自分の生殖器のグルーミングをすること、邪魔が入らなければ交尾行動は1時間以上続くことなどが観察されています。また、交尾中にオスは穏やかなうなり声のような鳴き声を発していることや、ケージ内や室内に尿によるにおいつけをすることなども観察されています。

オスとメスを分ける

シマリスは母親となるメスだけが子育てをします。同じげっ歯目のスナネズミなどのように父親も子育てを手伝うことはありません。いつまでもオスを一緒にしておくとケンカになったりメスへのストレスになります。別々に飼われているオスとメスだった場合でも、以前から一緒に飼われていた場合でも、交尾が確認されたらオスとメスは分けてください。

妊娠中

妊娠したかどうかはすぐにはわかりませんが、交尾を確認したら、「妊娠しているかもしれない」と考えておくと安全でしょう。

お腹が目立つようになるのは妊娠してから20日くらいたったころです。出産前の5日ほどで急激に体重が増え、乳首も目立つようになってきます。

出産前日のまりーちゃん。大きなお腹を愛おしそうにペロペロ。「早く生まれておいで」と声かけしているみたい。

環境作り

　警戒したり不安になることなく、落ち着いて暮らせるようにしてあげることが一番です。巣箱が小さいようなら、十分な大きさのものに早めに交換します。使用中の巣材を入れてあげ、不安にならないようにしましょう。野生のシマリスの子育ては地下の巣穴で行い、樹洞の巣穴は使いません。高い位置に巣箱を設置しているなら、床の上に下ろすなど、床の上に巣箱を置いてください。

　巣材は多く用意し、満足できる巣作りができるようにしてあげてください。

✱食事

　普段から栄養バランスのよい食事を与えているなら、極端に食事内容を変更しなくてもよいですが、高タンパク、高カルシウムな食べ物を補助的に与えるとよいでしょう。

　飲み水は十分に与えてください。妊娠後期にお腹が重くなってきてからは、給水ボトルで無理なく飲めているかを確認し、必要があればお皿などでも飲ませるとよいでしょう。

✱掃除

　妊娠初期のうちは、日常的な掃除は通常通りに行いますが、ケージ全体やグッズの洗浄などは取りやめます。

　妊娠後期になってきたら、掃除は手早くすませるようにし、ケージ内をむやみにいじるのは控えるようにします。

✱遊び

　部屋に出して遊ばせる習慣がある場合、徐々に時間を短くしていき、ケージ内だけで暮らせるようにしてください。いつまでも部屋に出していると、部屋のどこかに巣を作って出産してしまう可能性があります。また、妊娠後期になるとお腹が重くなってくるので、バランスがとりにくくなり、部屋で遊び回っていると危険なこともあります。

　回し車を常に入れている場合には、取り外しておくと無難です。妊娠初期には短い時間、回し車を入れて遊ばせてもいいでしょう。

出産

　出産が近づくと、落ち着きのない様子が見られるようになります。巣箱にこもると、まもなく出産です。母シマリスは、後産（排出された胎盤など）を食べ、赤ちゃんシマリスの体をなめてきれいにします。

　巣箱からは赤ちゃんシマリスの小さな鳴き声が聞こえてくることもあります。

出産用のケージ。赤ちゃん落下防止に下の網を外し床材を敷いたそう。潜って出産しないよう最初は2cmほど。出産後はまりーちゃんのへやんぽ時に排泄物などで汚れた部分を交換、床材を追加したり調整。まりーちゃんがリラックスしたり、軽い運動ができるように、上部に止まり木やハンモックを多めにつけたそうです。

子育てから子どもの独立まで

子育て開始

❋落ち着いて授乳できる環境を

　赤ちゃんシマリスが飲む母乳は初乳といって、栄養価が高いばかりか、免疫物質を含み、子どもの体を守ります。生まれたばかりの子どもにとって母乳は完全栄養食ですから、母親が十分な栄養と水分をとって母乳を作り、落ち着いて母乳を与えられる環境が大切です。生まれたのかな、と気になっても、巣箱の中を覗かないようにしましょう。

❋巣箱から赤ちゃんが出てしまったとき

　母シマリスが気づいておらず、巣箱に回収されないままだと、体が冷えてしまい危険です。巣箱に戻してあげてください。そのさい、人の手のにおいが子シマリスについたことを気にする母シマリスもいるので、直接は触らないほうが安全です。使い捨て手袋をして子シマリスを持ったり、まだ小さな体のうちならプラスチック製や木製のスプーン（金属製だと冷たいので体がより冷えてしまう）ですくうようにするなどして、巣箱に戻しましょう。

❋育児放棄させないために

　母シマリスは、子どもたちを独り立ちできるまでに育てるため、懸命になっています。しかし動物の子育てでは、子どもが育たない（体に異常があるなど）、育てられない（落ち着かない環境、危険な環境、食べ物が足りない、母乳が出ないなど）と判断したときには子育てをやめることがあります。母乳を飲ませなくなったり、殺してしまうこともあります（子食い）。人の感覚からすると残酷な行為ですが、安全な環境で十分に健康な子どもを育てるため、次の機会を待とうとする動物の本能的な行為です。

　普段、人によく慣れていても、子育て中は神経質になっていることが多いですから、母シマリスが安心できる環境を作ってあげることはとても大切です。

子育て初期の環境作り

❋食事

　妊娠中と同様に、栄養バランスのよい食事と、補助的に高タンパク、高カルシウムを含む食べ物、十分な飲み水を与えます。

　最初のうちは巣箱から離れるのは短い時間ですが、そのときにきちんと食べられるよう、いつでもケージ内には食事を用意しておいてください。

育児真っ最中のまりーちゃんママ。煮干しでカルシウム、ミルワームやチーズでタンパク質、イチゴやブルーベリーなど果物でビタミン、ナッツ類も多く食べます。

❁ 掃 除

　　出産して数日は、食事と水の用意をするだけにし、ケージの中をいじらないようにします。しばらくたったら、母シマリスの様子を見ながら、トイレ砂の入れ換えなどを静かに手早く行います。ケージ底のトレイを引き出すときも、ガタガタ振動させないよう静かに行いましょう。

子どもが巣から出るようになったら

　　生後1ヶ月をすぎると子どもたちが巣から出てくるようになります。大人の食べ物に興味をもつようにもなってきます。

　　実際に大人の食べ物を食べてみるようになってきたら、与える食事量は子どもたちの分も考えて少しずつ増やします。基本的な食事に慣らす時期でもあるので、ペレット（大きいものは砕くなどして手に持ちやすい大きさにする）、雑穀などを与えます。野菜や果物、動物性タンパク質などは、別に母シマリスにだけ与えるといいでしょう。

　　母シマリスがきちんと子育てをしているなら、

子ども用の離乳食を別途用意する必要はありません。

離乳、独立

　　個体によりますが、生後40日をすぎると母乳を飲むこともほぼなくなります。生後2ヶ月で独り立ちが可能です。野生下ではこの頃には単独生活が始まります。

　　子どもたちを独立させましょう。急に1匹での暮らしになると、季節によっては寒いので、必要に応じて室温を上げたりペットヒーターを使います。

子育てが終わったら

　　子どもが独立したら、母親のシマリスはよく休ませてあげましょう。健康状態もよく観察してください。

　　ケージ全体の洗浄なども行っておきましょう。

生後25日頃、赤ちゃんも大きくなり巣箱の狭さと衛生面を考え引っ越しすることに。まりーちゃんが赤ちゃんを巣箱の外に出して引っ越しアピールをしたので決行です。新たなケージをまりーちゃんが気に入ると、ジャバラトンネルを使って新旧のケージをつなげ、自分で赤ちゃんを口抱っこして移動しました。出産用ケージのハンモックをベットに。

生後1ヶ月を過ぎる頃、ママの食べ物に興味が出て、一緒の食器へ顔を入れています。

Growth album of baby chipmunk

赤ちゃんシマリスの成長アルバム

長さ10cmの
木製スプーン

くっきー君とまりーちゃん夫妻の赤ちゃんが生まれました！
貴重な成長の記録とスクスク育つ愛らしい赤ちゃんをご覧ください。ママのまりーちゃんと赤ちゃんの様子を、写真とともにレポートしてくれたのは、こだまさんです。

出産後3日はそっとしておきました。4日くらい経つとまりーがリフレッシュと運動のためへやんぽを要求してきます。その間にこっそりとベビーの健康観察。キューキュー鳴きながら小さな短い手足をクルクル元気に動かして

います。体温調節が難しいベビーを巣箱の外に出すのはほんの少しの時間です。へやんぽの後、まりーは必ずベビーをくわえてお披露目してくれました。

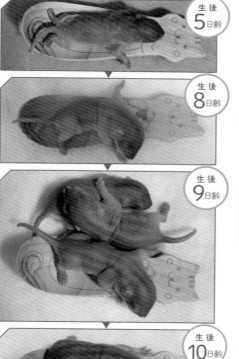

生後
5日齢

生後
8日齢

生後
9日齢

生後
10日齢

生後 5 日齢

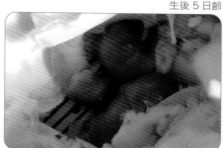

生後8日齢

生後 10 日齢

生後1週間もすると背中に縞模様が見えてきて、シマリスの赤ちゃんっぽくなってきました。まりーママはしっかり育児をしています。授乳時間以外は食べてばかり。ベビーのために一生懸命食べます。

まりーママは、1年前に7匹のベビーを産み育てた経験があります。3匹は余裕があるのか、のびのび育てているようです。母乳もたっぷり、ベビーはまるまるコロコロ。お披露目も口にくわえての移動が大変になってきました。

　まりーママは、ベビーが愛しくてたまらないようです。へやんぽしていても、ベビーのもとに戻りたがります。ベビーのいる部屋とは別の部屋でへやんぽしているため、まりーは移動用ケージで出かけます。

生後
11日齢

生後
14 日齢

生後
12日齢

生後
13日齢

生後 15 日齢

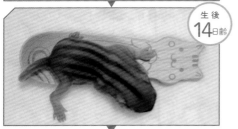

生後
14日齢

　ベビーの成長は凄まじいです。毎日大きくなっているのがわかります。肌もうっすら産毛が生え、ベルベットのような柔らかな感触です。指がしっかり分かれ、手をパアに開けるようになり、爪もできました。ひげも生えています。男女の区別もつくようなりました。

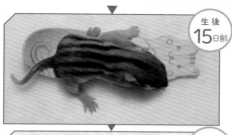

生後 17 日齢

生後15日目。体重は、3匹そろって
23g。産毛もちゃんと毛になってきました。背
中のたるみがたまらなく可愛いです。しましま
の水着を着ている赤ちゃんみたい。

生後 18 日齢

生後18日目。巣箱から出すと、すぐにくっ
つくベビー達。この日は朝に撮影。眠たい
眠たいベビーの朝でした。

生後
22 日齢

生後
23 日齢

おっぱいを飲んで寝て、飲んで寝て、すくすく育ちます。
生後22日目で体重30gになりました。腰を少し浮かせて
手足で体を支えることもできます。
　生後23日目。1匹の子の目が開きました。体も大きい
ので少し早いようです。そして、目が開くと同時に自由を
手に入れたかのように冒険が始まります。

生後 24 日齢

どんどん自我が芽生えてきました。27日目にみんな目が開き、体重は40gを超えました。そしてママの食べ残しを食べ始めました。ママが遊びなさーいと、お布団からみんなを引っ張り出した途端にケージに登り始め、箱入りベビーは卒業です。

生後
28日齢

生後30日。体重は42gから49g。体重差はあっても見た目の大きさや成長は変わりません。ママは、へやんぽから戻ると、必ずベビーのチェックをします。

生後
32日齢

生後33日。体重は46gから56g。体重の差は食べる量の違いです。ママは、ベビーがケージの外に出るのを許しません。なので扉が開いていても出てきません。しっぽ振り振りモビングも覚え、ときどきママにモビングして怒られます。

生後
34日齢

生後 37 日齢

生後37日。体重は60g前後。すっかり普通のシマリスです。水を給水器からも飲めるようになりました。ママのおっぱいも飲みながら、ママと同じご飯を食べています。

生後 42 日齢

出産から生後50日目の巣立ちの日まで、まりーママはベビーにご飯の食べ方からカラスなどの天敵が来たときの身をひそめる方法や、仲間に合図で教える鳴き方、人間への甘え方などを教えます。巣立ちが近づくと、へやんぽのお許しも出ます。優しく、時に厳しく、身を削って子育てをしている姿を見ると、小さなシマリスの愛情がとても深く大きいことに驚きます。まりーちゃん、おつかれさまでした♪

シマリス写真館

PART.03

飼い主さんからの投稿写真です。
エピソードもお楽しみください！

これは初めて手の上でご飯を食べてくれたときです。朝寝坊大好きな私が、テンちゃんがきてからは、毎日早起きして一緒の時間を作っています。それでもまだまだ足りないです。（かーこさん）

部屋の中にシマリス用のステップがあり、そこから見下ろされることに幸せを感じる日々です。そんな日常を切り取った写真。写っているのはモモちゃんです。（シマリストきむらさん）

カーテンからひょっこりはん！こなつくんはおっとりした子で、冬はシマリスを飼っているのがわからないくらい静か…、まったりハンモックでくつろぎます。（こしまさん）

日差しがあたるポケットにいるテトくんです。お風呂に入っているかのような感じに見え、お気に入りの一枚です。（つくしさん）

5歳のりんごくんとは手じゃれしたり、ぬいぐるみを投げて遊んだりします。写真は、へやんぽ中のお気に入り休憩場所である窓際のベッドにいるところです。（ごはんさん）

わが家に来た頃は食器皿におさまるくらい小さかったのに、今ではひっくり返します。写真は大きくなって、長〜く伸びたリュシアンくん。（みつきさん）

くわえたものを上手に運ぶアリスちゃん。へやんぽ中にカボチャやヒマワリの種を観葉植物の鉢に隠したようで、数日後、ビックリする量の芽が出てきました。（さりんこさん）

機嫌が良いときは指を甘噛みしてくるので、おなかをこちょこちょしてあげると、くるくる回って遊んでいます。クリスマスや誕生日には、小さい帽子を被せたりして、かわいい写真を撮っています。（まめさん）

シマリスの健康管理と病気

健康な毎日のために

健康のためのポイント

縁あって家族に迎えたシマリスには、健康で長生きしてもらいたいと誰もが願うことでしょう。

それぞれの体質もあり、健康の度合いや病気へのなりにくさなどに個体差があるのは避けられないことです。しかし、適切な飼育管理、健康管理を行うことによって、個体それぞれがベストな健康状態で暮らしていくことは可能です。そのシマリスがもつ生命力を最大限に発揮できるように心がけましょう。

シマリスという動物を理解しよう

シマリスにはどんな習性があり、本来はどんな暮らしをする動物なのかを理解しましょう。季節による体や行動の変化も多い動物です。野性味の残る動物だということは十分に理解しておく必要があります。

適切な飼育環境を作ろう

シマリスは運動量の多い動物です。十分なサイズのケージと、止まり木などを活用して変化のある動きが安全にできる環境を作りましょう。栄養バランスのよい食事を与えることも大切です。また、昼間は明るく、夜は暗くなるような環境も欠かせません。温度管理に注意しましょう（適温は20〜25℃）。

衛生的な住まいを作ろう

排泄物や食べ残しなどはこまめに掃除し、衛生的な環境を心がけましょう。感染症の対策にもなりますし、人の健康や快適な暮らしのためにも大切です。

木登りが得意で活発、運動量も多いシマリス。

シマリスが暮らしやすい飼育環境を。

遊ばせるときは安全に

室内で遊ばせる場合には、電気コードをかじらないようにするなどの安全対策を行うことが大切です。人がうっかりシマリスを踏んでしまうような事故を起こさないよう、常に注意しながら遊ばせてください。

環境エンリッチメントを取り入れよう

フォレイジング（探餌行動）を取り入れたり、ケージ内のレイアウトを工夫するなどして、本来、シマリスが行っているような行動ができる環境作りをするといいでしょう。運動量を増やしたり頭を使う機会にもなります。

ストレスに注意しよう

飼育下でまったくストレスのない暮らしは難しいですが、できるかぎりストレスの原因となるものを取り除きましょう。慣れていないうちにかまいすぎること、騒音や振動、室温、狭くて退屈なケージの中などに注意してください。

太りすぎ・痩せすぎ、どちらにも注意

過度な肥満はよくないですが、痩せすぎもよくありません。しっかりした体格を維持できるような食事と運動が大切です。

適度なコミュニケーションを

シマリスは密接なコミュニケーションは必要としない動物ですが、最低限、日常生活にストレスを感じない程度には慣らしておく必要があります。加えて、体にふれることを嫌がらないようにしておくと日頃の健康チェックなどにも役立ちます。無理のない程度のコミュニケーションをとりましょう。

個体差を理解しよう

SNSの発達で、よそのシマリスの様子を目にすることも増えています。非常によく慣れているシマリスもいますが、同じことをほかのシマリスにすれば大きなストレスだったりもします。飼育しているシマリスはどんな個性があるのかをよく観察し、理解しましょう。

健康チェックと健康診断

健康チェックを日課にしましょう。毎日、世話をしたりコミュニケーションをとりながら、いつもと違うところはないかなどを確認してください（192ページ参照）。

また、動物病院で定期的に健康診断を受けるようにしておくと安心です。動物病院を見つけておくことも重要です。

かかりつけ動物病院を見つけておこう

シマリスを飼育することを決めたら、診てもらえる動物病院を探してください。

獣医療の分野では「小動物」というと犬と猫のことで、シマリスなど犬猫以外の小動物はエキゾチックペットと呼ばれています。従来、動物病院では主に小動物の診療を行っており、エキゾチックペットの診察をする動物病院はあまりありませんでした。近年、エキゾチックペットを診てもらえる動物病院は増えてきてはいるものの地域差（都心部に多く地方に少ない）もみられます。

近所に動物病院があるからと安心していても、犬猫のみ診察するという場合もあります。具合が悪くなってからあわててシマリス

を診てもらえる動物病院を探してもなかなか見つからないということもあります。幼いシマリスを迎えた場合には、飼い始めてすぐに体調を崩すこともあるので、動物病院を探しておくのはとても大切なことです。

インターネット検索で探してみるほか、すでにシマリスを飼育している人やシマリスを迎えたペットショップで聞いてみるのもいいでしょう。

診てもらえる動物病院を見つけたら、シマリスの健康診断を受けに行くといいでしょう。健康状態を診てもらうのはもちろんですが、獣医師と飼い主との相性というものもあります。わかりやすく説明してくれるか、質問をしやすいか、といったことも大切な点です。信頼できそうな動物病院をかかりつけ動物病院とするといいでしょう。

動物病院の利用にあたっては、予約制かどうか、ペット保険が使えるかどうか、支払い方法（クレジットカードが使えるか）などの点も確認しておいてください。

かかりつけ動物病院が遠いと、急な体調不良のときなどに通院に時間がかかる場合もあります。万が一を考えて、近所の動物病院でシマリスを診てもらえるところがあるかも探しておくといいでしょう。かかりつけ動物病院の休診日にやっている動物病院や夜間動物病院なども探しておくと安心です。

サプリメントについて

ペットにサプリメントを与えたいと思う人は増えており、今回、シマリスの飼い主を対象にしたアンケートでは、約44％の方がサプリメントを与えているということでした。

人の場合には、厚生労働省によると、

ペット保険とペット貯金

動物病院で診療を受けるさいには、初診料や再診料、検査料、処置料、薬代、手術料などさまざまな診察費がかかります。手術をすることになったりすると、飼い主としては思わぬ高額になる場合もあります。そうした場合に備えるしくみがペット保険です。犬や猫では多くの選択肢がありますが、シマリスでは加入できるペット保険の種類も限られています。加入できる年齢、保険が使えるのはどんなときか（通常、健康診断や予防的処置は対象外）なども確認し、加入するかどうか考えるといいでしょう。

ペット保険に加入する代わりに「ペット貯金」をしておくのもいいでしょう。シマリスにかけられる医療費の蓄えがあれば、治療方法の選択の幅が広がる場合もあります。

かかりつけの動物病院があると安心です。

一般には「健康食品」は「健康の保持増進に資する食品全般」、「サプリメント」は「特定成分が濃縮された錠剤やカプセル形態の製品」が該当すると考えられているものの、定義はないとされています。制度が作られているものには、特別用途食品や特定保健用食品、栄養機能食品があります。

ペットの場合にはサプリメントの定義はなく、獣医師が病気の予防や治療を助けるものとして利用するような科学的根拠のある製品から、まったく根拠のない製品までさまざまなものが市販されています。犬・猫の場合には、ペットフード安全法でサプリメントは「愛がん動物用飼料」とされ、製造方法や成分規格などが定められていますが、シマリスなどは対象外です。

サプリメントは必須ではありません。まず、適切な食事などの飼育管理を行うこと、そして具合が悪ければ動物病院で診察を受け、必要な治療を受けるということが大切です。「サプリメントを与えたほうがいいかもしれない」と思うようなシマリスの体調の悪さが、実は動物病院で治療を受ければ治るものだったということもあります。

そのうえで、サプリメントを与えたいという場合には、科学的知見がはっきりしているものを与えるのが最もいいことですが、そういったものは多くはありません。

サプリメントとしてよく与えられているビタミン剤やミネラル剤では、過剰摂取のリスクに注意が必要です。かかりつけ動物病院で相談しながら使うのがいいでしょう。

臨床利用されているサプリメント

※「動物用のサプリメントを考える」（ペット栄養学会誌）より一部抜粋
※犬猫を対象としたもの

関節炎、疼痛緩和：サメ軟骨（グルコサミン、コンドロイチンなど）ほか

癌・腫瘍：茸類ほか

皮膚病：ハタケシメジ、樹液エキス、ビタミン類ほか

免疫低下：茸類（アガリスクなど）、初乳成分ほか

消化器障害：ビフィズス菌、納豆菌、ビール酵母ほか

栄養低下：核酸類、ビタミン類、ミネラル類、アミノ酸ほか

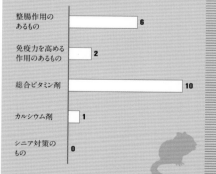

シマリスアンケート 5
サプリメントをあげていますか？

Enquête

サプリメントをあげている飼い主さん15人にお聞きしました（複数回答・人）

整腸作用のあるもの	6
免疫力を高める作用のあるもの	2
総合ビタミン剤	10
カルシウム剤	1
シニア対策のもの	0

商品名：プロテインエナジーバイト、アリメペット小動物用、ネクトン鳥類用総合ビタミン剤、リキッドエイドマルチビタミン小動物、ラクトバイト、Squirrel booster、アガリスク（動物病院で処方）など

シマリスの健康チェック

健康チェックの目的

　シマリスは体調が悪くてもそれを言葉では教えてくれません。捕食される側の動物なので、弱っているところを見せないようにするという傾向もあります。そのため、飼い主がシマリスの体調不調に気づいたときには、かなり具合が悪くなっている場合もあります。シマリスの健康状態の変化にいち早く気づくようにし、早期に治療を始めたり、環境改善を行ったりし、状態が悪化することを防ぎましょう。

　健康状態に変化がないとしても、シマリスの様子をよく観察することによって、ケージ内のレイアウトが使いにくかったり、危ないところがあることに早くに気がつけば、ケガを未然に防ぐことも可能です。

シマリスとの日常生活で健康チェックを。

健康チェックは日常に取り入れて

　毎日の健康チェックは、シマリスの世話やコミュニケーションなどの時間に組み込むことで、無理なく行うことができます。

　朝一番にシマリスが活発かどうかを確認できますし、食事を与えるときには食欲があるかどうかを、掃除をしながら排泄物の様子を確認できます。遊ばせているときは体の動きに異常はないか、体をなでられるなら、なでながら腫れなどがないかをチェックできるでしょう。

　おかしいところがないかをチェックするには、いつも通りの様子を知っておくことが必要です。元気そうで心配ないと思っていても、シマリスの日常をいつも観察するのはとても大切です。

　成長期にはこまめに、大人になってからも週に1度くらいは体重測定をし、記録しておきましょう。急激な体重の増減があったときには注意が必要です（成長期には体重が増加します）。

健康チェックのポイント

食べているときにチェック

□食欲は正常？
　いつもより食べる量が少ない、食べない、いつも食べるものを食べ残すなどに注意。
□食べ方は正常？
　ポロポロ食べこぼす、片側の歯しか使っ

食事中は、健康チェックのよい機会です。

ていないように見える、顔を傾けながら食べている、よだれを流している、口の周りが汚れる、食べようとしているのにあきらめる、食べているときの姿勢がいつもと違うなどに注意。

□水を飲む量や飲み方は正常？
　いつもより飲む量が多い、少ない、給水ボトルに口をつけにくそうにしている、飲もうとしないなどに注意。

排泄をチェック

□便の状態は正常？
　便が小さい、少ない、便をしない、軟便、下痢などに注意。

正常な便

□尿の状態は正常？
　尿が多い、少ない、尿をしない、尿が赤いなどに注意。

□排泄する様子は正常？
　排便・排尿するときに苦しそうな様子がある、尿を頻繁にする、トイレに何度も行くが尿が出ていない様子があるなどに注意。あちこちに点々と尿をするのはマーキングの場合と、排尿の異常の場合もある。

運動の様子をチェック

□活発さは正常？
　起きている時間帯にずっと動き回っているわけではなく、昼寝をしたり休息していることもあるが、だるそうな様子がみられるときは注意。また、よく動いているとしても、常同行動がみられるときはストレスの可能性もある。

□体の動きは正常？
　足を引きずっている、片足を浮かすようにしている、動き出すときにためらっている様子がある、まっすぐ歩けない、スムーズに動けていない様子がみられる、ふらついているなどに注意。

顔を見てチェック

□目は正常？
　涙がたまったり涙が出ている、目やに、目のふちが赤い、しょぼしょぼしている、目が開きにくそう、濁ってみえる、白い、目を気にして前足でこすっているなどに注意。

□鼻は正常？
　鼻水が出ている、分泌物や血が出ている、くしゃみを頻繁にしている、ピスピスというような詰まった呼吸音がする、鼻を気にして前足でこすっているなどに注意。

□口もとは正常？
　歯が伸びすぎている、歯のかみ合わせがおかしい、口が閉じない、よだれが出ている、ものを食べるときに食べにくそうなどに注意。頬袋に木の実などを入れすぎて一時的に口が閉じないのは正常。頬袋に食べ物を入れているときは頬が膨らんでいるが、ずっと膨らんだままだったり、片

体は全体を見て、運動の様子もチェックしましょう。

顔の各部分が汚れていないでしょうか。

側だけが常に膨らんでいるのは、食べ物のせいではなく腫れている可能性もある。

□耳は正常？

傷がある、内側が汚れている、激しくかゆがっているなどに注意。

体を見てチェック

□皮膚と被毛は正常？

脱毛、薄毛、ふけ、皮膚が赤くなっている、黒ずんでいる、腫れている、傷がある、毛並みがぼさついているなどに注意。

□四肢と手先・足先は正常？

足を床につけないようにしている、傷がある、腫れている、手足を気にしてずっと舐めているなどに注意。

□お尻周りは正常？

肛門や生殖器周囲が汚れている、便が

ついている、分泌物がついている、出血があるなどに注意。

□尾は正常？

被毛が薄い、脱毛などに注意。尾をつかんでしまったときに短く切れたり、尾の皮膚が抜けてしまうことにも注意。

□呼吸の様子は正常？

口を開けて呼吸をしている、呼吸をするときに全身を使うように苦しそうにしている、咳をしている、鼻が詰まっていびきのような音がしているなどに注意。

□全身の様子は正常？

じっとうずくまっている、頭部や体が斜めに傾いている、普通に座っていられない、体を異常にかゆがっている、決まった場所だけをしつこくグルーミングしている、腹部が異常に膨らんでいるなどに注意。

体をさわってチェック

□ さわったときの状態は正常?

　さわったときにいつもと違う腫れ物やしこりができている、いつもはさわっても嫌がらないのにとても嫌がる、さわったときの反応がいつもと違うなどに注意。

「いつもと違う」と思ったら

　具体的にどこが異常ということはなくても、「なにかいつもと違うような気がする」ということがあるかもしれません。毎日シマリスのことをよく見ている飼い主のもつ違和感なら、正しい判断だという場合もあります。「気のせい」ですまさず、細やかに健康チェックを行いましょう。病気の予兆を早期発見できるかもしれません。

シマリスの身体・生理データ

頭胴長	12〜17cm
尾長	10〜12cm
体重	70〜150g
平均寿命	4〜6年
体温	38℃
心拍数	264〜296回/分
呼吸数	75〜100回/分
排便量	約5〜8mL

※『エキゾチック臨床vol.19小型げっ歯類の診療』より

※体温、心拍数、呼吸数は活動時(冬眠以外の時期)

気づいたことは記録しておこう

　ノートなどに書くほかに、健康記録を付けられるスマホアプリを利用することもできるでしょう。いつも食べるものを食べなくなった、トイレの失敗をした、といったことが病気の予兆である可能性もあります。それまでに与えていたペレットの種類を変えたり、ケージのレイアウトを変えりしたときもメモしておくといいでしょう。たまに与えた食べ物がとても好きなようなら、いざというときのおやつとして使えるので、メモしておくと役に立ちます。

　シマリスの季節的な変化、発情鳴きをした日、気が荒くなった日なども記録しておくと、年単位での「いつもと違う」に気づくこともできるでしょう。

　飼い主が多忙で遊べない日が続いた、来客が多くて騒がしかった、家の外壁工事や道路工事があったなど、周囲で起きた変化もメモしておくといいでしょう。

　こうした記録を体調が悪くなったときに見返してみると「これがきっかけだったかもしれない」などがわかる場合もあります。動物病院で診察を受けるときには持参するといいでしょう。仕草や行動の異常はスマートフォンで動画撮影をしておいて見てもらうのもいい方法です。

シマリスがなりやすい病気

シマリスも人と同じようにさまざまな病気になることがあります。同じしくみで起こる病気も多いですが、シマリスやげっ歯目の動物に特有の病気もあります。

シマリスやげっ歯目の動物に多い病気としては不正咬合（196ページ）があります。尾抜け（210ページ）はシマリスのような尾をもつ小動物に特有の外傷です。

シマリスの病気について、わかっていることはまだ多くはありません。診断や治療にあたっては、現在シマリスでわかっていることや、ほかの小動物の知見などに基づいて行われます。

ここでは、シマリスに比較的よく見られる病気に関して、どんな病気で、なにが原因で起こるのか、どんな症状があり、どうやって予防するのかを見ていきましょう。

なお、掲載している病気以外の病気にならないわけではありません。

治療を受けることになったら

シマリスの診察を受け、治療を始めることになったら、獣医師の説明をよく聞き、どういった治療方法があり、それぞれにどんなメリットとデメリットがあるのかを理解したうえで、獣医師とともに、納得できる治療方針を決めていきましょう。わからないことや不安なことがあれば質問しましょう。

病気の治療には、獣医師が行う処置だけでなく、家庭での投薬などが必要になる場合もあります。決まった量の薬剤をきちんと飲ませる必要があるので、やり方を教わり、自宅でできるかどうかを考えてください。

病気の種類によっては、長期にわたって投薬が必要な場合や、定期的に繰り返し投薬することで効果が期待できるものもあります。すぐに効果が出ないからと独断で投薬をやめたり、決まった量より多く飲ませたりしないでください。

治療費が高額ではないかと心配なら、あらかじめどの程度かかることが予想されるのか聞いておいたり、どのくらいの治療費までなら支払えるのかといったことも検討し、獣医師と相談するのもひとつの方法です。

シマリスに よく見られる病気

1. 切歯の不正咬合
2. 外傷
3. 呼吸器の感染症（幼い個体）
4. 代謝性脱毛などの脱毛症
5. 角膜潰瘍

歯の病気

不正咬合・過長

シマリスの切歯（前歯）は生涯に渡って伸び続けます。歯のかみ合わせが適切なら、食事をしたりものをかじったりするときに自然と削れたり、上下の切歯をこすり合わせたりすることで、適切な長さに維持されます。

ところが、切歯をあまり使わないで食べられるやわらかいものばかり与えている、切歯の破損（次項参照）、落下事故で顔面をぶつけたりケージの金網をかじったりして、歯に外部からの力が強くかかり、歯根が変形したり歯の伸びる方向がゆがむといったことがあると、かみ合わせが合わなくなることがあります。かみ合わなくなった状態を不正咬合といいます。そうなると歯が適度な長さに削られないために歯が伸びすぎてしまいます（過長）。

上顎の切歯は伸び続けると口腔（口の中）に向かって丸まるように伸び、ひどくなると口腔に刺さるようなこともあります。下顎の切歯は前方に向かって伸びていきます。歯がかみ合わなければ、食事を摂ることもできなくなってしまいます。

不正咬合は遺伝性の場合もあります。

治療は、動物病院で伸びすぎた切歯を適切な長さに整えます。いったんかみ合わせが悪くなると、定期的な処置（月に1回程度）が必要になることが多いです。

ニッパーなどを使って家庭で切ることもあるようですが、おすすめできません。歯に縦にひびが入り、歯根が炎症を起こすなどトラブルのもととなります。

歯根に膿瘍（膿みがたまる）ができたり、正常な方向に歯が成長できずに歯根部で腫瘤状になると（かたまりになってしまう）、歯根の近くにある鼻腔にも影響を及ぼします。

❀症状：程度が軽いと特に症状が見られないこともある。ものの食べ方に異常が見られる（食べにくそうにする、食べこぼすなど）、給水ボトルの水を飲みにくそうにしている、嗜好性が変化する（やわらかいものを食べたが

る）、よだれを流す、口の周りが汚れる、前足でよだれや汚れをぬぐうために前足が汚れる、採食量が減るので痩せてきたり、便が小さくなる、便の量が減る、口元を気にする様子があるなど。歯根の膿瘍や腫瘤形成があると、鼻水やくしゃみなども見られる。

これらの症状は、歯の病気全般で見られる。

❀予防：歯を十分に使う食事を与えます。安全にかじれるもの（止まり木など）を用意して、ものをかじる機会を増やしましょう。落下事故を予防し、金網をかじる習慣をつけないようにしましょう。

切歯の破損

高いところから落下したり、ケージの金網をかじり、切歯が折れることがあります。

折れた歯がまた伸びてきて正常なかみ合わせに戻ることも多いですが、歯が折れたときの衝撃が歯根に影響を及ぼし、歯の伸び方が遅くなったり、伸びる方向が変化すると、かみ合わせがおかしくなります。その結果、不正咬合を起こすことがあります。

❀症状：口もとを気にする、ものを食べにくそうにする。歯髄（歯の神経）が露出していると痛みがあるため、食欲がなくなる。

❀予防：落下事故を予防し、金網をかじる習慣をつけないようにしましょう。

虫歯（齲歯）

シマリスの食事には炭水化物が多く含まれているため、口腔内が虫歯菌（齲蝕原性細菌）の増殖しやすい環境になっています。虫歯菌が乳酸などの酸を作りだして歯を溶

かし、いわゆる虫歯になります。糖分の多い食べ物を与えていると、なおさら口腔環境が悪くなります。

確立された治療方法はなく、口腔内を消毒する、虫歯になった歯を抜歯する、抗生物質や消炎鎮痛剤を投与するといった方法を必要に応じて行います。

❋ 症状：歯の表面が茶色っぽくなったり黒っぽくなる。ひどくなると痛みがあるため、ものを食べにくそうにする。

❋ 予防：糖分の多い食べ物は控えます。果物などは与えるならわずかな量にし、クッキータイプのおやつは与えないようにします。

消化器の病気

腸炎

細菌性腸炎が見られます。サルモネラ菌などが原因と考えられています。サルモネラ菌は多くの動物に感染する病原菌で、人と動物の共通感染症としても知られています。感染している動物の便や、便で汚れた床材や食べ物などを介して感染が広がります。

ほかに、クロストリジウム菌、大腸菌なども細菌性腸炎の原因となります。

治療は抗生物質を投与するほか、脱水症状があれば輸液などを行うこともあります。

食事内容の急激な変化、ストレスなどが原因の下痢も見られます。また、巣箱などに貯食し、腐敗した食べ物を食べることのないようにしましょう。

❋ 症状：下痢、軟便、体重が減る、食欲

不振、肛門や生殖器周囲が下痢で汚れるなど。重症だと痛みがあるため、丸まってじっとしている。

❋ 予防：衛生的でストレスの少ない環境作りを心がけましょう。食事内容を変更する場合は徐々に変えていくようにします。

内部寄生虫感染

内部寄生虫には蟯虫、原虫などさまざまな種類があります。シマリスで主に問題となるのは原虫で、コクシジウムなどが主に消化管内に寄生して発症します。

成体への寄生だと不顕性感染（感染しているが症状は出ない）がほとんどですが、幼い個体に感染すると発症することが多いです。

コクシジウムのほかには、ジアルジアやトリコモナスなどの原虫感染が知られています。

治療は抗原虫薬を投与します。

❋ 症状：成体では無症状が多い。幼体では下痢、成長の遅れなど。

❋ 予防：コクシジウム原虫は寄生した動物の体内で増殖し、そのオーシスト（原虫の卵のようなもの）が便とともに排出されます。汚染された床材や食べ物などを経由して再感染することがあるので、衛生的な環境を心がけましょう。

腸閉塞

腸閉塞は、食べ物を先に送る（肛門のほうに送る）という腸の動きが悪くなり、食べ物などの内容物が腸内にとどまってしまう病気です。

腸閉塞には、腸の機能そのものに問題があって動きが悪くなり、内容物が流れなくなるものと、内容物が腸内で詰まったり、癒着や腫瘍などで腸が詰まってしまい、腸

が動かなくなるものがあります。

　シマリスで見られることが多いのは後者です。毛づくろいをするときに抜け毛を舐めて飲み込んでも、飲み込んだ量が少なければ便とともに排泄されます。しかし大量になると詰まりやすくなってしまいます。抜け毛のほかに綿の巣材、糸くずなども詰まることがあります。

　症状が軽ければ、内容物が流れやすくなるように補液をしたり水分を与えたりします。重度の場合は、手術をして溜まった内容物を摘出したり、癒着部や腫瘍などを切除することもあります。

※症状：食欲がなくなる、便が小さくなったり量が少なくなる。重症になると痛みがあるためにじっとしている。

※予防：消化管が十分に働くよう、適切な食事と運動できる環境を提供しましょう。綿の巣材は使わないようにし、ハンモックなどの布製品は、かじる個体には使わないようにしてください。

図1 切歯不正咬合

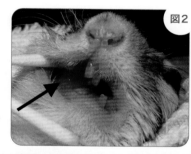

図2 口腔内腫瘍（口腔粘膜の腫脹がありく矢印〉、扁平上皮癌と診断された）

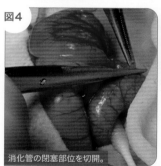

図4 消化管の閉塞部位を切開。

図3 腸閉塞のレントゲン画像。下腹部にレントゲン不透過性領域及び、消化管ガスの重度な貯留が認められた。

図3

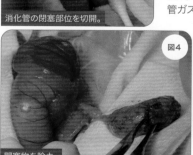

図4 閉塞物を除去。

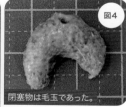

図4 閉塞物は毛玉であった。

腸閉塞症例の術中写真（図3と同症例）。

呼吸器の病気

鼻炎

鼻の奥(鼻腔、副鼻腔)に細菌感染が起きるほか、排泄物の掃除が適切にできておらずにケージ内のアンモニア濃度が上がっている、ほこりっぽい、床材などの刺激、急激な温度変化などが原因で鼻炎を起こすことがあります。

切歯の過長、歯根部の感染、仮性歯牙腫などの歯のトラブルも鼻炎の原因です。仮性歯牙腫とは、歯根部で作られた歯が正常に伸びずに、歯根部にかたまりを作ってしまう病気で、シマリスにはまれに見られます。

治療は抗生物質を投与します。環境が関係するなら環境改善も行います。ウッドチップなど床材の細かなほこりが原因になっているなら、違う種類のものを使うようにします。

❋症状：くしゃみ、鼻水(軽度だとサラサラしているが、進行すると膿のような鼻水になる)、鼻が詰まった音がする。鼻水をぬぐうために前足の被毛がごわごわになっている。

❋予防：衛生的で快適な環境作りを心がけます。歯のトラブルの予防も参照してください。

肺炎

細菌やウイルスの感染で肺炎を起こすことがあります。家庭に迎えたばかりの幼い個体によく起こる病気です。輸入されペットショップに並ぶまでの過程では、輸送ストレスがあるうえに過密飼育になっているので、呼吸器の感染症に感染している個体がいればすぐに広がります。

健康なら感染していても発症しないこともありますが、不衛生で通気が悪かったり湿度の高い環境、急激な温度変化や隙間風、栄養状態が悪いことなどが発症のきっかけとなります。特に子リスでは、温度差などの環境変化に注意が必要です。

人のインフルエンザウイルスが感染する可能性が知られていますが、実際にはその可能性はきわめて低いといわれます。

治療は、抗生物質を投与するほか、必要に応じてネブライジング(薬剤を吸入によって投与する)を行います。

呼吸が苦しそうな場合は酸素室を利用する場合もあります。酸素室は、家庭で利用できるタイプもあります(222ページ)。

❋症状：鼻水、くしゃみ、呼吸時の異音、食欲がない、体重が減る、毛並みが悪くなる、運動したがらない、呼吸が苦しそう、呼吸が早い、開口呼吸(普通は鼻で呼吸しているが、口を開けて呼吸する)、努力性呼吸(全身をつかって呼吸をするように見える)など。

❋予防：子リスを迎えるにあたっては、幼すぎる個体ではなく、十分に独り立ちできている個体を選びましょう。温度管理や衛生管理に注意します。

皮膚の病気

細菌性皮膚炎

黄色ブドウ球菌、ストレプトコッカス菌、パスツレラ菌などの細菌感染によって皮膚に炎症が起こります。全身や皮膚の免疫力

が衰えていたり皮膚に傷があると感染しやすくなります。ケージの底の金網が硬いと足の裏に炎症が起きて感染することもあります。

治療は、必要に応じて患部の洗浄、抗生物質、抗炎症剤などの投与を行います。

❈症状：皮膚が赤みを帯びて盛り上がっている、脱毛、ただれるなど。膿がたまって皮下膿瘍(のうよう)になることも。

❈予防：適切で衛生的な環境を整えましょう。必要に応じて、ケージ床の金網を外して床材を厚く敷き詰めるほうがいい場合もあります。

皮膚糸状菌症(ひふしじょうきんしょう)

カビの一種である真菌の感染によって起こる皮膚の病気です。真菌症(しんきん)ともいいます。人と動物の共通感染症です。

免疫力が高ければ感染していても発症しませんが、ストレスや栄養バランスの悪さ、不適切な飼育環境、幼齢、高齢などだと発症しやすくなります。

感染している部位にふれたり、その個体が使った床材などを介しても感染します。

治療は、抗真菌薬を投与します。

❈症状：無症状のことが多い。薄毛、脱毛、色素沈着、紅斑(こうはん)(皮膚が赤く盛り上がった状態になっている)、鱗屑(りんせつ)(フケのように皮膚がはかれる)など。かゆがることはあまりない。

❈予防：適切な飼育環境を心がけ、高い免疫力を維持できるようにしましょう。

外部寄生虫

外部寄生虫とはノミやダニなどのことです。シマリスにはノミ、疥癬(かいせん)、ヅツキダニ、ニキビダニ、シラミの寄生が知られています。耳をひどくかゆがったり、頭を振る、耳の中に黒っぽい汚れがたまっているときは、耳ダニの寄生が考えられます。

治療は駆虫剤を用いて行います。

❈症状：脱毛、紅斑、かゆがるなど。

❈予防：衛生的な環境を心がけましょう。犬や猫にはノミがいる可能性があるので、ケージ越しでも接触させないようにしてください。

脱毛

細菌性皮膚炎や皮膚糸状菌症以外にも、シマリスに脱毛(だつもう)が見られることがあります。

栄養性脱毛は、低タンパクな食事が原因と考えられます。タンパク質は被毛の原料となる栄養素です。

代謝性脱毛は代謝の異常が原因です。温度変化や日照時間など飼育環境が不適切だと、被毛の成長する周期が正常ではなくなります。被毛の成長周期(毛周期)が休止期になってしまい、抜けた被毛がなかなか生えず、脱毛状態になります。

いずれも食生活や飼育環境の改善によって治療します。毛周期が成長期にならないと生えてこないので、被毛が生えそろうまでに時間がかかることもあります。

ほかにも、ケージの金網をしつこくかじり、こすれるために鼻の周囲の被毛が切れて脱毛状態になることもあります。

❈症状：栄養性脱毛では脱毛や鱗屑が見られる。代謝性脱毛では胴体、前足や内股、尾、鼻の周囲などに脱毛や色素沈着が見られる。代謝性脱毛による脱毛は左右対象に見られることが多い。

❈予防：栄養バランスのよい食事を与えま

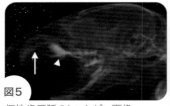

図5

仮性歯牙腫のレントゲン画像。

仮性歯牙腫のため鼻骨切開術を行った症例の術後外観。

図5

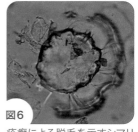

図6

疥癬による脱毛を示すシマリスに認められたヒゼンダニ。

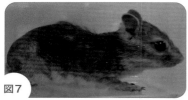

図7

広範囲の脱毛と色素沈着が認められ、感染症の検査では陰性であり、代謝性脱毛が疑われた。

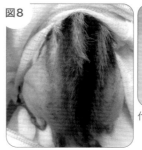

図8

図8

代謝性脱毛

図9

腫瘍が原因の（重度）脱毛。

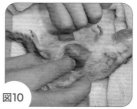

図10

腹腔内腫瘤

図11

鼻の腫瘤。

しょう。また、昼間は明るく、夜は暗いという明暗周期のある環境を用意しましょう。日当たりの悪い部屋ならフルスペクトルライトの使用も検討します。

泌尿器の病気

膀胱炎

膀胱内に細菌感染が起こる病気です。

主な原因としては細菌感染があります。飼育環境が不衛生だったり、結石などが原因です。飲水量が少ないと作られる尿量も少ないため、膀胱内に尿が溜まっている時間が長くなり、細菌が増殖しやすくなります。細菌感染以外の原因で炎症が起きて膀胱炎になることもあります。

細菌性膀胱炎の治療は、抗生物質や抗炎症剤などを投与するほか、利尿剤の投与や補液を行って尿量を増やします。

❉症状：血尿、尿が少ない、頻尿、尿漏

れ、排尿時に痛そうにするなど。

※予防：いつでも新鮮な飲み水を十分に飲めるようにしておきましょう。ケージ内を衛生的に保ちましょう。

膀胱結石

尿中のミネラル分が増加したり、尿のpHが変化することなどが関わって、膀胱内に結石ができる病気です。結石とは、尿中のミネラル分が固まったもののことで、おもにストラバイト結石とシュウ酸カルシウム結石がありますが、シマリスではストラバイト結石が多いといわれます。

ごく小さなものなら尿とともに排出されますが、飲水量が少ないと尿が濃くなり、排出もされにくく、また、結石が作られやすくなります。

治療は、利尿剤を投与したり補液をして尿の量を増やし、排泄を促します。結石が大きい場合には摘出手術することもあります。

※症状：頻尿、尿の量が減る、尿漏れ、排尿時に痛そうにする、血尿など。

※予防：栄養バランスの偏りで結石が作られやすい場合もあるので、適切な食事を与えます。いつでも新鮮な飲み水を十分に飲めるようにしておきましょう。

腎不全

腎臓の病気、なかでも慢性腎不全（まんせいじんふぜん）は高齢になると増える病気のひとつです。腎臓の病気は初期症状がわかりにくいこともあります。

シマリスでは血液検査などの検査を行うのが難しく、見られる症状から腎不全の可能性があっても診断をつけるのが難しいといわれます。

腎不全の可能性がある場合の治療は補液を行います。尿の量を多くして老廃物が体内にたまらないようにするためです。

高タンパク質な食事は腎臓に負担をかけるので、食事内容を見直すことも必要です。

※症状：多飲多尿、体重減少、食欲不振など。

※予防：バランスのとれた食事を与え、常に十分な飲み水を用意しましょう。

図12
尿石症の手術。

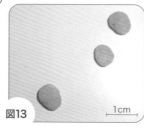

図13
摘出した結石。結石はストラバイトが主成分であった。

1cm

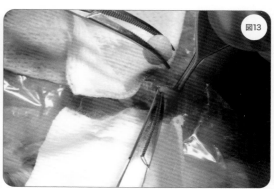

図13
膀胱を切開し、鉗子で結石を保持しているところ。

落ち着かない環境や栄養状態の悪さ、生まれた子どもの異常などがあると、母親は子育てをやめてしまうことがあります。母親が世話をしなければ生まれたばかりの子どもは死亡してしまうので、可能であれば人工保育を行います。生後1週間以上が経過していればうまくいく可能性があるとされています。それより早期だとかなり厳しいですが、やれることはやっていただきたいと思います。

人工保育で必要なのは、暖かな環境を作り、頻回（ひんかい）にミルクを飲ませることです。また、排泄を促すことや、体重の管理も必要です。

★赤ちゃんシマリス用の寝床を作る

保温性の高いプラケースで飼育します。底には柔らかい床材を厚めに敷き詰めます。まだ被毛が生えそろっていないと、粗い床材だと皮膚を傷つけやすいおそれがあります。綿のTシャツがよいとする資料もあります。

プラケースの下にはペットヒーターを敷き、プラケース内を温めます。ごく小さいうちは母シマリスの体温（38℃）を参考に、プラケース内がそれに近い温度になるようにします。成長とともに温度は徐々に下げていきます。目が開く生後1ヶ月くらいには34℃前後とする資料があります。

まだ自由に動き回れないときは、温度が高すぎても逃げることができません。床材を厚く敷いたうえで温めること

で、暑くなりすぎずにじんわりと全体を温めることができます。自由に動き回り、好みの温度の場所に移動できるようになったら、プラケースの底面積の半分だけをペットヒーターで温めるという方法もあります。

プラケース内の湿度が低いようなら、子リスが転がって入らない程度の高さのある容器に蒸しタオルを入れてプラケース内に置くなどして、湿度を上げてください。かなり幼いうちは65〜70％がよいとする資料もあります。

★ミルクの準備

必ずペット用の粉末ミルクを与えます。ペット用のゴートミルク（山羊のミルク）や、子犬用、子猫用のミルクを使用します。アシドフィルス菌などの乳酸菌を添加してもいいでしょう。

ミルクの濃度は、製品に書かれた規定濃度で作り、36〜37℃くらいの暖かさのものを与えます。もし下痢をするようなら、薄めのものを与え、徐々に規定濃度にしていくようにします。

★ミルクの与え方

シリンジ（針なし）やフードポンプを使って飲ませます。ごく幼い子リスに与えるときは、先端の細いものが必要です。カテーテルチューブを入手するほか、小鳥の挿し餌用フードポンプだと細いチューブがついています。

気道に誤嚥（ごえん）させないよう注意が必要

です。そのためにゆっくり飲ませる必要がありますが、時間がかかるとミルクが冷たくなってしまうので、ミルクを溶いた容器を湯せんする(熱めのお湯を張った容器に入れて温める)などするといいでしょう。

シリンジの先端を少しだけ口に入れます。哺乳類の子どもには、口に入ったもの(乳首)に吸い付いて飲もうとする本能があります。少量ずつミルクを飲ませます。

ミルクを飲ませるときに飼い主の手が冷たいようなら温めてからにしてください。

★ミルクの量

子リスが飲みたがるだけ飲ませるようにします。飲んだ量は記録しておきましょう。被毛も生えないほどの幼い時期だと、胃の中にミルクが入っていることが観察できます。まだミルクが入っているようだとあまり飲まないでしょう。消化されてから飲ませてください。

★ミルクの回数

生後2週までは4時間ごと(一日に6回)、3週までは6時間ごと(一日に4回)、3週以降は8時間ごと(一日に3回)が目安です。生後30日ほどで目が開く頃になったら、ミルクでふやかしたペレットなど、大人の食べ物を少しずつ与えていきます。

★排泄を促す

赤ちゃんシマリスはまだ自力では排泄できず、母親が下腹部を舐めて刺激することによって排泄します。ミルクを与える前か後に、お湯にひたして絞ったコットンなどの柔らかいもので肛門や生殖器の周囲をやさしく刺激し、排泄を促しましょう。ミルクしか飲んでいない時期の便は、大人の便とは違ってペースト状です。下痢をしているとにおいのきつい、水のような便が排泄されます。

排泄物の状態も記録しておきましょう。

★体重測定

体重は毎日測ります。測定のタイミングはそろえてください(朝一番にミルクを与える前など)。体重は毎日増えていきます。増加しない場合は、ミルクの回数を増やしますが、ミルクの消化が遅いようなら温度が低いのかもしれません。

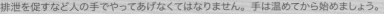

ミルクをあげたり、
排泄を促すなど人の手でやってあげなくてはなりません。手は温めてから始めましょう。

生殖器の病気

子宮蓄膿症

メスの病気です。細菌感染によって子宮内部に膿がたまる病気です。

治療は抗生物質を投与します。子宮卵巣摘出手術を行う場合もあります。

❋症状：膣からの出血や分泌物、腹部がふくれる、食欲がなくなるなど。

❋予防：子宮卵巣摘出手術を行えば予防になりますが、予防的に行われることはほとんどありません。早期発見を心がけます。

ペニス脱

オスの病気です。通常は包皮に収まって体内に引っ込んでいるペニスが、包皮から出たままになってしまうものです。床材などがペニスに付着することが主な原因です。

出たままのペニスが床材や止まり木などで傷ついて腫れたり、気にしてかじってしまうこともあります。

処置は、ペニスをきれいにしたあと包皮内に戻します。動物病院で処置してもらいましょう。必要に応じて抗生物質や消炎剤を投与します。

❋症状：ペニスが出たままになっている、生殖器周辺を過剰にグルーミングする、排尿しようとしているが出にくそうにしている、頻尿、元気がない、食欲がないなど。

❋予防：下腹部を気にする様子がないか観察し、早期発見しましょう。

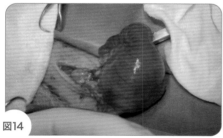

図14

子宮蓄膿症

図15

ペニス脱。腫脹した陰茎が認められ、周囲に汚れが付着している。

目の病気

白内障

水晶体が白濁する病気です。水晶体は眼球内にあり、レンズの役割をしている組織です。加齢や外傷、糖尿病などが原因で起こります。シマリスではオスに多いとされています。

白濁してくると視力は衰えていきます。左右のどちらかの目だけが白内障なら、片方は見えているのでそれほど問題ありません。両方の目が白内障になると、いずれものが見えなくなります。

視力がなくなっても、それまで慣れている環境ならものの場所などは覚えていますし、嗅覚も頼りにして行動できますが、止まり木から止まり木に飛び移るときなど高い位置で

の行動には危険も伴います。視力があるうちに、徐々に高さのない飼育環境を作っていくといいでしょう。

治療は、必要に応じて進行を遅らせる薬剤を点眼します。犬用の眼科サプリメントを投与することもあります。

❋症状：目に白い斑点ができたり、白く濁る。見えにくくなっていると不活発になる、高いところから落ちるなど危険なことが増える。

❋予防：効果的な予防方法はありませんが、目が白いことに気づいたら早いうちに診察をうけましょう。

角膜潰瘍

角膜が傷つき、炎症が角膜の深くまで及ぶ病気です。角膜は眼球の前面にある透明な膜で、眼球を保護しています。眼球の最も外側にあるため、傷つきやすい部位です。

床材や巣材などで眼球の表面が傷ついたり、異物の付着や傷などの違和感を気にしてこすることで、角膜が傷つきます。歯根膿瘍（のうよう）や脳の障害などで眼球突出（がんきゅうとっしゅつ）が起こることがありますが、そうなるとより角膜が傷つきやすくなります。角膜表面に炎症が起こるものを角膜炎、炎症が進行して角膜に穴が開くまでに至ると角膜潰瘍（かくまくかいよう）といいます。

治療は、抗生物質の眼軟膏（がんなんこう）などを用いて行います。患部を気にして目をこするようなら、エリザベスカラーをつけることもあります。症状が深刻な場合は眼球摘出も選択肢になります。

❋症状：目を気にする、涙目、目やに、結膜が赤くなる、目をショボショボさせるなど。

❋予防：床材や巣材は粗いものを使わないなど、危険のない環境を作りましょう。

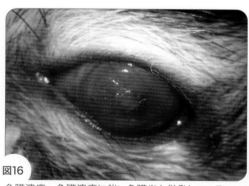

図16
角膜潰瘍。角膜潰瘍に伴い角膜炎も併発している。

CT横断像。腫瘍が側頭骨（がわとうこつ）を融解し眼窩に浸潤しているのが確認される。

図17

図17

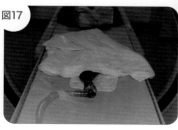

全身麻酔下にてCT検査を行っているところ。

図17

左眼の突出が認められる。

外傷

骨折・脱臼

高いところからの落下、四肢をケージ内で引っかける、遊ばせているときに人が踏む、ドアに挟むなどの原因で骨折したり脱臼することがあります。指などに糸くずがからみ、それを外そうとしてもがいて骨折、脱臼することもあります。

また、代謝性骨疾患（212ページ）を起こしていると骨がもろく、骨折しやすくなります。

脊椎を損傷した場合には、麻痺が残ったり、排尿障害が残るなどの深刻な状態にもなります。骨折や脱臼をさせないようくれぐれも注意が必要です。

骨折の治療には内固定（手術をして折れた骨を直接固定する）、外固定（バンテージなどで外側から固定する）といった方法があります。脱臼の場合は、もとの状態に整復してバンテージで固定します。バンテージを嫌がってかじろうとする場合にはエリザベスカラーを使うことがあります。

軽度な骨折や脱臼の場合には大型のプラケースや水槽（爬虫類用など）で飼育し、動きを制限して治癒を待つ方法（ケージレスト）もあります。

骨折の程度が重篤な場合や、傷が開放している（折れた骨が皮膚から出ている）場合は断脚を検討する場合もあります。

どういう方法をとるかは獣医師とよく相談してください。

❋症状：骨折や脱臼した手足を、床につかないようにして歩いたり、足を引きずって

いる。脊椎を傷めていると麻痺が見られる。顎の骨（下顎骨）を骨折すると、切歯が折れる、ゆるむ、鼻血など。患部を気にしてかじることも。

❋予防：安全なケージレイアウトになっているか、シマリスの行動を観察し、危ないようなら見直してください。室内で遊ばせるときには常にシマリスがどこにいるのかを確認しましょう。

絞扼

絞扼とは、糸くずや綿などの繊維が指や手首、足首などにからまり、締め付けることです。絞扼されている時間が長くなると血流が止まり、ひどくなると絞扼されているところより先（指なら指先のほう）が腫れ、壊死したり脱落してしまうこともあります。

治療は、絞扼しているものを取り除きます。痛みがあったり、シマリスがじっとしていなくて処置が難しいときは麻酔下で行う場合もあります。感染防止のために抗生物質や消炎鎮痛剤を投与することもあります。手足に絞扼があり、壊死している場合には断脚も選択肢になります。

❋症状：絞扼されている部分に出血があったり、気にしてかじったりする。絞扼されている部分より先が腫れたり、血行が悪くなって皮膚が紫色になる。

❋予防：綿の巣材など、からまりやすいものは使わないようにしてください。ハンモックなど布製品を使っている場合、掘ったりかじったりすることで糸くずがからみやすくなることもあるので、布製品を掘ったりかじったりする個体には使わないようにしてください。また、早期発見を心がけましょう。

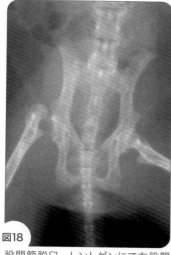

図18
股関節脱臼。レントゲンにて右股関節の頭側脱臼が確認された。

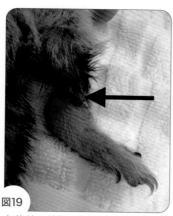

図19
左後肢の絞扼 (絞扼物は除去)。絞扼部 (矢印) から遠位に顕著な腫脹が認められる。

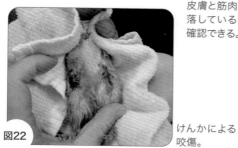

図22

けんかによる
咬傷。

図18

股関節脱臼。全身麻酔下にて非観血的に整復を行った後、エマースリングという処置を行っている。

図20

図20
糸による絞扼。

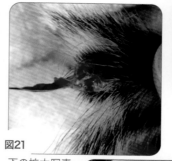

図21
下の拡大写真。皮膚と筋肉が脱落しているのが確認できる。

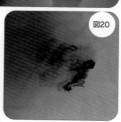

図20

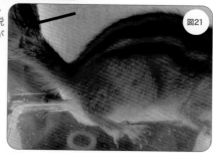

図21

尾抜け。尾椎が露出している。

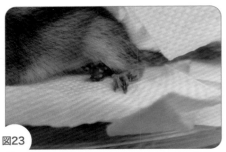

図23
肢の外傷。

図24
眼の外傷と周囲皮膚の脱毛。

尾抜け
お ぬ

　シマリスの尾をつかんだり、尾を踏む、尾をドアなどに挟むといったことで起こります。シマリスの尾には、尾椎（骨）のまわりに皮膚があり、被毛が生えています。皮膚は、最も外側にある表皮、その下の真皮、骨と皮膚をゆるくつなぐ皮下組織の3層構造になっています。尾では皮下組織がゆるいうえにわずかにしかないため、尾をつかむと、ちょうどペンからキャップを外すように、皮膚が被毛ごと尾から抜けてしまうことがあります。

　そうなると尾椎や皮下組織が露出してしまいます。放っておいても、尾椎の上に皮膚が再生することはありません。いずれ壊死して脱落します。外部からの防御の役割のある皮膚がなくなるため、細菌感染しやすくなります。断尾も選択肢となります。自分で気にしてかじり切ってしまうこともあります。

　尾をつかんだときに尾が切れてしまう場合もあります。尾は再生しません。

　治療は、感染の心配があれば抗生物質を投与します。

　なお、尾は自分でかじって短くしてしまうこともあります（「自咬症」212ページ）。

✳ 症状：尾の皮膚が抜け、骨と皮下組織がむきだしになる、時間がたつと壊死する。

✳ 予防：尾をつかまないようにしてください。部屋で遊ばせているときには、尾を踏んでしまうことに注意しましょう。

ケガ（咬傷や擦り傷など）
こうしょう す

　シマリス同士のケンカ、ほかの動物に噛まれたり引っかかれたりする、ものに引っかけるといったことで、噛み傷や切り傷、擦り傷などができることがあります。

　傷が小さく、出血がなければ問題ないことも多いですが、細菌感染しないよう飼育環境は衛生的に保ってください。ただしシマリスなどのげっ歯目に噛まれた場合、歯が長く鋭いため深い傷になっている場合もあります。

　心配なときや傷が大きいとき、出血が止まらないときは動物病院で診察を受けましょう。

　治療は、必要に応じて患部の洗浄や消毒、抗生物質の投与を行います。また、ケガの原因をつきとめて排除しましょう。

　出血がある場合は、清潔なガーゼで患部を押さえる圧迫止血を行います。
あっぱく し けつ

　爪切りをするさいに血管を傷つけて出血があったときに、圧迫止血してください。

※症状：傷がある、出血がある、かさぶたができている、痛そうにしている、ケガした場所を気にしているなど。

※予防：ほかの動物やシマリスと接触させないようにしたり、ケージ内に危険なものを置かないなど、ケガの原因を排除します。

腫瘍

異常増殖した細胞のかたまりを腫瘍（しゅよう）といいます。良性腫瘍（増殖速度が遅い、周囲の健康な組織との境界がはっきりしている、転移の可能性が低い）と悪性腫瘍（増殖速度が早い、周囲の組織を侵して増殖する、転移の可能性が高い）があります。悪性腫瘍を「がん」といいます。

腫瘍は、人と同じように体のどこにでも発生する可能性がありますが、シマリスでは扁平上皮癌（へんぺいじょうひがん）や乳腺腫瘍（にゅうせんしゅよう）が多いといわれます。

扁平上皮癌は、扁平上皮という、内部が空洞になっている臓器の内側にある細胞組織に発生する悪性腫瘍です。シマリスでは口の中にできることがよくあります。

乳腺腫瘍は、乳腺にできる腫瘍で、シマリスの場合には良性腫瘍が多いとされています。乳腺腫瘍はオスにできる可能性もあります。

ほかには、線維芽細胞（せんいがさいぼう）と呼ばれる細胞に腫瘍ができる線維肉腫（せんいにくしゅ）、血液のがんである白血病（はっけつびょう）などがあります。また、脱毛や皮膚の赤み、ただれといった皮膚の病気のように見える症状が扁平上皮癌のこともあるので、なかなか治らないようなら診察を受けてください。

腫瘍になる原因ははっきりしていませんが、高齢になると発症しやすくなります。

治療は、腫瘍のある部位によっては切除手術が選択肢になります。手術などの積極的な治療をせず、生活の質を高めるための対症療法を行う場合もあります。腫瘍の状態、個体の年齢や健康状態、飼い主がどこまでできるか（治療費、看護に時間がとれるかなど）といったことも考慮に入れながら、獣医師とよく相談して治療方針を決めるといいでしょう。

※症状：腫瘍のできる部位によってさまざまな症状が見られる。体表に近ければ、できもの、しこりや腫れ。口腔内にできる扁平上皮癌では、頬袋に食べ物が入っているかのようにふくれて見えることもある。進行すると体重減少、元気がなくなるなど。

※予防：決定的な予防方法はありません。ストレスの少ない、適切な飼育管理を行うほか、健康チェックを行って早期発見を心がけましょう。

図25

扁平上皮癌。舌の腫脹が認められる。

図26

耳の扁平上皮癌。

そのほかの病気

代謝性骨疾患

　栄養バランスの不均衡などが原因となって骨が作られる仕組みが適切に働かず、骨がもろくなるなどの異常が生じる病気です。

　体内にはカルシウムとリンがバランスをとって存在していますが、栄養バランスが悪く、血液中のリンが過剰になるとバランスをとるために骨からカルシウムが溶け出します。その結果、骨密度が低下して骨が弱くなり、骨折しやすくなります。

　シマリスに与えることの多いヒマワリの種やナッツ類は、カルシウムが少なくリンが多い食材です。そのため過度に与えすぎていると、代謝性骨疾患を発症するおそれがあります。カルシウムとリンのバランスは1～2:1がよいとされています。

　また、摂取したカルシウムの吸着にはビタミンD$_3$や紫外線も必要です（「日光浴について」参照）。

　治療は、食生活の見直しと、必要に応じてカルシウム剤やビタミンD$_3$剤の投与などを行います。

❀ 症状：運動したがらない、歩き方がおかしい。ひどくなると、ふるえやけいれんなどの神経症状が見られる。

❀ 予防：バランスのとれた食生活が大切です。適度な運動ができる環境を整え、日当たりのよい部屋で飼育しましょう。

低カルシウム血症

　血中のカルシウム濃度が低下することによって起こる病気です。

　カルシウムには、神経物質の伝達や筋肉の収縮と弛緩に関わるといった役割もあるため、欠乏すると神経症状が見られます。代謝性骨疾患を併発することもあります。

　出産した子どもの数が多かったときや、授乳中に起こるともいわれます。

　治療は、食生活を見直し、必要に応じてカルシウムサプリメント（D$_3$を含む）の投与などによって行います。

　その他、栄養の欠乏で起こる病気としては、ビタミンEの欠乏で起こる「ケージ麻痺」があります。ケージ麻痺を発症すると、運動したがらなくなったり、体が硬直したようになる、体の麻痺などの症状が見られます。食生活の見直しと、ビタミンEサプリメントを投与して治療します。

❀ 症状：運動失調（体が思ったように動かない）、けいれん、沈鬱（じっとふさぎ込むような様子）などの神経症状が出る。

❀ 予防：栄養バランスのとれた適切な食事を与えましょう。

自咬症

　さまざまな理由から自分の体をかじってしまうことがあります

　体の傷や痛み、塗り薬などによる違和感があったりすると、そこを気にすることはありますが、過剰に舐めたりかじったりして、自ら体に傷を負わせるほどになるのは異常です。強いストレスがあるときにも行うことがあります。

　手足や尾などがターゲットとなることが多く、

ひどくなると尾が脱落するほどかじってしまうこともあります。

治療は、傷があれば患部を洗浄し、必要があれば抗生物質を投与します。精神安定剤の投与を検討する場合があります。ストレスの原因がわかっている場合は、環境改善を行います。

※症状：体の特定の部位だけをしつこく舐めたりかじったりする。傷や出血がある。

※予防：ストレスの少ない環境になっているかを確認しましょう。ケガの治療を受けるさいには、患部を気にしてかじったりしないかどうかよく様子を見てください。

日光浴について

摂取したカルシウムを吸収するのに必要なビタミンDは、紫外線（UVB）を浴びることで生成されます。

窓ガラス越しの太陽光だと、室内に入ってくるUVBはごくわずかですが、一日のうち長い時間、日差しがよく入る部屋で飼育しているなら問題ないでしょう。

窓を開けて日光浴させる場合には、寒暖の差が大きくないよう注意することと、ケージの戸締まりを確認し、脱走に注意してください。

ベランダなどにケージごと出すのは、夏場だと熱中症のリスクがあるほか、脱走、野良猫やカラスなどに襲われるリスクもあります。また、まれにケージを

出しているのを忘れてしまい、日が沈んで寒くなってから思い出すということもあるので注意が必要です。

室内、室外どちらの場合も、日差しを浴びさせるときには必ず日陰になる場所を作ってください。

シマリスに必要な日光浴の適切な時間はわかっていませんが、人の場合でも15分程度ともいわれているので、長時間である必要はありません。

日当たりのよくない部屋で飼育するなら、紫外線ライト（フルスペクトルライト）を日の出から日の入までの時間帯、付けておくのもいいでしょう。紫外線ライトは爬虫類専門店などで扱っています。

低体温症

恒温動物は、周囲の気温が下がっても自らのもつ体温調節能力を使って体温を維持します。体表面を小さくするために体を丸め、体熱を逃さないようにしたり、体を震わせて熱を産生したりします。ところが、気温が低くなりすぎたり、健康状態がよくないうえに寒かったりすると、体温を維持できなくなり、低体温症に陥ります。

低体温症は放っておくと死亡するおそれがあるので、体温を上昇させる必要があります。ただし急激に高温環境にするのではなく、ゆっくり温めることで体の芯から体温が上昇するようにします。

家庭では、床材やフリースを厚く敷いたプラケースにシマリスを寝かせ、プラケースの下からペットヒーターで温めることで、徐々に体温を上げていきます。すぐに用意できなければ、まずは人の手や服の中に入れて温めることもできます。普段はシマリスのほうが体温が高い（38℃）ですが、シマリスの体温が下がっているときには人の体温でも温めることができるでしょう。

なお、シマリスには冬眠するという習性があり、冬眠しているときには体温が低下していますが、これは低体温症ではなく、病的なものではありません。ただしその違いはわかりにくいので、低体温症が心配な場合はペットヒーターなどの暖房装置を用い、暖かな環境を作るようにしてください。

また、残念ながら死亡したときも体は冷たくなります。そのときはしばらくすると体が硬直してきます。

❋ 症状：手足や体が冷たい、動きが鈍い、震えている、ぼんやりしている、心拍が遅くなるなど。重症になると意識を失い、死亡することも。

❋ 症状：適切な温度管理を行いましょう。シマリスに適した温度は20〜25℃です。夏場でもエアコンが効きすぎているときには注意が必要です。

熱中症

低体温症と同様に、体温を維持できずに起こります。

暑いときには耳の毛細血管から熱を放散したり、体表面を大きくするために体を伸ばして横になり、熱を逃がそうとします。しかし、過度な暑さ、日差しが直撃している、日差しがなくても風通しの悪い閉鎖された環境で温度や湿度が高い、暑いときに飲み水がないといった環境下では、体温調節機能が働かず、体温が上昇し、熱中症を発症し

症状に気づいたら
すぐに応急処置を（上は低体温症、下は熱中症）。

ます。

　夏場にシマリスを連れて自動車で移動するときは、エアコンを切った車中に置いたままで車を離れないでください。車中の温度は短時間で高温になってしまいます。

　肥満、高齢、妊娠中や、呼吸器の病気などがあったり、強いストレス下にあったりすると、発症しやすくなります。

　すぐに体を冷やして体温を下げなくてはなりません。応急処置としては、涼しい場所で、常温で濡らしたタオルをビニール袋に入れたもので体をくるむようにするのがいいでしょう。急激に体温を下げると下がりすぎてしまう危険もあります。氷水で冷やしたタオルのような冷たすぎるものは使わないでください。

❋症状：体温が高い、呼吸が荒い、ぐったりしている、耳が赤い（末梢血管が充血しているため）、よだれが多い（体を舐めて濡らし、気化熱で体温を下げようとするため）など。重症になるとけいれん、チアノーゼ（血中の酸素が不足して唇などが青紫色になる）、死亡することも。

❋症状：適切な温度管理（適温は20〜25℃）を行いましょう。どうしても室温が高めになる場合でも、閉鎖された環境にしないこと、湿度は低くすることに注意し、飲み水を切らさないようにしてください。冬場にペットヒーターを使っているときにも暑くなりすぎないよう注意が必要です。

中耳炎
（ちゅうじえん）

　中耳（鼓膜より奥）に炎症が起きる、耳の病気です。

　鼻の奥と耳管はつながっているため、感染性の鼻炎になっていると耳管を通って中

耳に感染が広がることや、外耳炎から感染が広がることもあります。

　治療は、抗生物質の投与を行います。
外耳（鼓膜より手前の耳道）に炎症が起きる外耳炎、内耳（中耳のさらに奥で、平衡感覚などを司る器官）に炎症が起きる内耳炎になることもあります。

❋症状：感染している側の耳を気にする、頭を振るなど。ひどくなると斜頸（頭を傾けた状態になる）、眼振（眼球が左右に小刻み動く）などが見られる。

❋症状：呼吸器の病気にならないように注意します。耳の異常（耳の中が汚れている、異常にかゆがるなど）があればすぐに診察を受けましょう。

感電

　通電している電気コードをかじって感電することがあります。

　感電による影響のひとつはやけどです。電気コードがショートしたときに口の中などをやけどします。もうひとつは、電流によって体の組織が損傷することです。電撃傷といいます。時間がたってから肺水腫を起こすこと

図27
斜頸、神経症状のシマリス。

もあるので、外見上問題がなさそうに見えても診察を受けておくといいでしょう。

　室内で遊ばせている場合、見えているところの電気コードにはかじられないよう対策をしていても、家具の裏や冷蔵庫の裏など見えない場所にある電気コードをかじることもあるので、よく確認をしてください。

　治療は、抗生物質や抗炎症剤の投与などを行います（やけどの場合）。

　電気コードが損傷した場合、放置していると火災の原因にもなるので注意してください。

●症状：やけど、ぐったりしているなど。ショック状態で心停止する場合も。

●症状：シマリスの行動範囲には電気コードを使わない、電気コードを保護チューブなどで保護するなど、かじらせない環境作りを行います。

肥満

● 肥満の原因

　摂取するカロリーが消費するカロリーよりも多いと、その過剰分が体に蓄積されて肥満（ひまん）になります。シマリスでは、ナッツ類やヒマワリの種など脂質の多い食べ物、果物など糖質の多い食べ物を多給することによる肥満がよく見られます。飼育下では運動量も限られているため、脂質や糖質の多い食生活ではどうしても太りやすくなってしまいます。

　シマリスは季節による行動の変化が大きい動物です。野生下では、秋には冬眠に備えて食べ物を集めますが、冬眠に入っても数日に一度目覚めて食事をする

ので、冬眠に備えて皮下脂肪を蓄えることはありません。飼育下では、食べ物を蓄えることに熱心になりすぎて痩せる個体もいれば、よく食べるようになる個体もいるようです。

● 肥満の問題点

　肥満は病気ではありませんが、過度に太りすぎているとさまざまな病気の原因になったり、免疫力が低下するなど健康上の悪影響も心配されます。過剰な肥満には以下のような問題があります。

□セルフグルーミングがしにくく、皮膚と被毛の状態が悪くなる。

□脂肪が多いと体熱がたまりやすく、熱中症になりやすい。

□皮下脂肪が邪魔になって皮下にある腫瘍（しゅよう）などが発見しにくい。

□関節や骨、足の裏にかかる負担が大きくなる。

□運動するのがおっくうになるため、より太りやすくなる。

□心肺に負担がかかったり、糖尿病（とうにょうびょう）、脂肪肝（しぼうかん）、高脂血症（こうしけっしょう）などになりやすい。

□麻酔のリスクが高くなる。

● 健康的な体格かどうかの確認

　過度な肥満は問題ですが、肥満を心配するあまり、痩せさせてしまうのもよくありません。健康的な体格を維持するのがベストです。

　195ページでは体重を「70〜150g」としています。幅があるのは大柄なシマリスもいれば小柄なシマリスもいるからです。小柄なシマリスが150gあれば明らかに肥

満ですが、大柄なシマリスなら健康的な体格かもしれません。体重だけで判断するのではなく、体格全体を見て、健康的かどうかを判断しましょう。よく食べ、よく運動をしているがっちりした体格が健康的といえるでしょう。

　太りすぎていると、首の周囲や前足の付け根、胸や腹部などに肉がだぶついています。痩せすぎだと、体にふれたときに背骨のゴツゴツや腰回りの骨格などを容易に感じられます。

　過度な肥満であれば適切なダイエットをしたほういいですが、太って見えるのがなにかの病気のサインである場合もあります。まずは動物病院で健康診断を受けたうえで、必要ならダイエットをすることをおすすめします。そのさいは以下の点に注意してください。

● ダイエットの注意点
□ 成長期や妊娠中、授乳中には食事制限をしないでください。適切な食事を十分に与えることが必要です。
□ 運動量が少ないようなら、ケージを大きくしたりケージ内のレイアウトを見直したりして、運動の機会を増やします。
□ まず、「おやつ」を見直してください。脂質の多いヒマワリの種やナッツ類、糖質の多い果物などは、与えるとしてもごくわずかにしたり、時々与えるだけにしましょう。
□ 食事内容を見直します。そのさい、量ではなくて質を見直します。脂質や糖質の少ない食べ物を与えるようにしましょう。急激に与える量を減らしたり、絶食させるようなことは避けてください。
□ シマリスは食べ物を巣箱などに溜め込みますが、「あとで食べないようにしなくては」とすべて取り除いてしまうと、シマリスは不安を感じるでしょう。すべて取り除かず、少し残しておくといいでしょう。
□ 体重、体格、食欲、排泄物の状態などをチェックしながら行い、決して無理をさせないようにしましょう。

処置のためにシマリスをつかむことについて

　シマリスをしっかりとつかむのはリスクも高く、おすすめできる方法ではありません。手から抜けようとするときに思わず尾をつかみ、尾抜けが起きたり尾が切れたりすることもよくあります。家庭でなにかの処置が必要なときは無理をせず、好物を与えている間に行ったり、眠っている間に行うといった方法がいいでしょう。

　どうしてもつかむ必要があるときは、タオルでくるむようにすると、ある程度動きを制限できますし、噛まれるリスクが減り、直接手でつかむよりは当たりがソフトになるでしょう。決して胸部や腹部を強くつかまないでください。必要なときは動物病院で指導してもらうといいでしょう。動物病院によっては洗濯ネットに入れて診察など行う場合もあるようです。

人と動物の共通感染症

人と動物に共通する感染症

　「人と動物の共通感染症」とは、人と動物との間で相互に感染する可能性のある感染症のことです。「人獣共通感染症」「人畜共通感染症」「ズーノーシス」、あるいは人の健康問題という視点から「動物由来感染症」といった呼び方もあります。動物には野生動物も家畜も含みますが、ペットから感染するものとして知られている感染症には、オウム病、パスツレラ症、サルモネラ症などがあります。新型コロナウイルス感染症も、共通感染症のひとつです。

シマリスと共通感染症

✱狂犬病

　日本では1957年以来発生していませんが、世界では多くの地域で発生しています。犬だけの病気ではなく、哺乳類全般に感染の可能性があります。ただし、狂犬病(きょうけんびょう)はシマリスを海外から輸入するさいの水際対策の対象となっているので、

現実的には心配はありません。（ただし海外では野生のリスにむやみに手を出さないようにしてください）

✱サルモネラ症

　爬虫類からの感染が知られていますが、シマリスも発症する病気です。2010年には輸入されたシマリスでサルモネラ症が集団発生したという事例が報告されています。

✱皮膚糸状菌症(ひ ふ し じょうきんしょう)

　犬や猫をはじめさまざまなペットからの感染の可能性があるものです。

✱新型コロナウイルス感染症

　人にも動物にも同じウイルスが感染することがわかっています。人から動物への感染例はありますが、まだまだ詳しいことはわかっていません。ネコ科動物への感染例が知られています。シマリスへの感染例は知られておらず、詳細はわかっていません。世話をする人が感染した場合には濃厚接触を避けるなど念のため注意しましょう。

共通感染症を予防するには

　シマリスからの感染を予防するには、以下のような点に注意してください。

□シマリスの適切な健康管理を行いましょう。病気があれば治療を受けます。
□適切な衛生管理を心がけましょう。排泄物や食べ残しを放置するようなことのないようにします。室内で遊ばせる習慣がある

人と動物の間には共通する感染症があります。

なら、部屋の掃除もこまめに行います。

□シマリスを飼育している部屋の換気を定期的に行いましょう。そのさい、脱走させないように十分注意をしてください。

□世話をしたりコミュニケーションをとったあとは、よく手を洗い、うがいをしましょう。

□シマリスの便は乾いているため、落ちていると素手で拾ってしまうこともあるようです。感染症予防のためには素手でさわらず、ティッシュなどで拾ってください。

□自分自身の健康管理に注意しましょう。免疫力が衰えていると感染しやすくなります。幼い子どもや高齢者、病気治療中の人がいる場合は特に注意してください。

□ふれあいは節度をもって行いましょう。キスしたり口移しで食べ物を与えるといったことは行わないでください。

□噛まれたり引っかかれたりしないよう、コミュニケーションに注意しましょう。十分に慣らしたり、慣れていないなら無理にかまわないようにします。

シマリスに噛まれたら

シマリスが人に噛みつくことはかなりよくあります。秋冬に気が荒くなる個体も多いですし、慣れていないときに噛みついてくることもあります。

シマリスでは、ハムスターで知られているアナフィラキシーショック（噛みつかれることでショック状態に陥る）は報告されていないので、その心配はあまりないかもしれません。

ただし、噛まれた傷から細菌感染すれば、共通感染症とは関係なくても、膿んだり腫れたりすることはあります。噛まれたときは傷口をよく洗って消毒しておきましょう。

傷はよく
洗ってから

傷消毒液

共通感染症を予防するには、日頃から清潔を保つことが大切です。

シマリスの看護と介護

看護のポイント

家庭での看護が大切な理由

シマリスが病気になったときには、動物病院での処置だけでなく、家庭での看護も大切になります。家庭では投薬以外はいつも通りでいいこともあれば、注意深い看護が必要なこともあります。どの程度の看護が必要なのか、獣医師にも相談しながらよりよい看護を行いましょう。

環 境

ストレスを軽減させることが大切です。健康なら、多少のストレスは撥ね除けることもできますが、病気のときはちょっとしたことでも負担になり、体力を消耗します。

基本は安静にさせることです。かなり体調が悪いときは、日中でも薄暗くしたほうが落ち着くかもしれません。

温度管理にも注意しましょう。エアコンやペットヒーターなどを使い、寒暖差のないようにしてください。

衛生管理

手術をしたあとやケガをしているときなどは、傷口からの細菌感染を避けるため特に衛生的な環境が必要です。それ以外の場合でも体力が落ち、免疫力が低下していると細菌感染しやすいので、適切な衛生管理を行いましょう。

食事

❋食欲があり、普通に食べられる場合

食欲があり、与えたものも変わりなく食べられている場合は、いつも通りの食事を与えつつ、排泄物の状態など体調変化をよく観察しましょう。

獣医師から特別な指導があればそれに従ってください。

❋食欲があるが、食べられない場合

歯のトラブルなどで食べられなかったり、前足で食べ物をつかむことができないようなときは、柔らかいものなど食べやすいものを与えましょう。

例えば、ペレットを水かぬるま湯でふやかしたもの、殻をむいてある雑穀を柔らかくふやかしたもの、野菜や果物のピューレ、ベビーフード(野菜や果物が原料で無添

食欲があるのに食べられない場合の工夫。

加のもの）、介護食や離乳食などにも利用される野菜パウダーや野菜フレークなどが選択肢として挙げられます。切歯に問題があっても臼歯は問題ないなら、野菜や果物を小さく薄く切ったものなら食べられる場合もあります。

食欲があっても体を支えられず、食器から食べるのが難しいときは、手で口元にもっていく、シリンジや小さなスプーン（マドラースプーンが便利）で少しずつ与えるといった方法もあります。

❋食欲がなく、食べない場合

なにかの処置をした後や手術の後などには、一時的に食欲不振になることがあります。大好物を与えることで食欲増進を促します。

好物を与えても食べないときは強制給餌（きょうせいきゅうじ）も検討します。小動物用の強制給餌用粉末フード、ミルミキサーなどでごく細かく砕いたペットフードなどをお湯やペットミルクで溶いたものなどを与えます。シリンジやフードポンプを使い、先端を歯隙から差し出し、咀嚼（そしゃく）して飲み込むのを待って次を与えるようにします。誤嚥には注意してください。また、タオルで体をくるむと暴れにくいですし、体を汚すのを防ぐこともできるでしょう。

ただし、腸閉塞（ちょうへいそく）を起こしていて食べないようなときに無理に強制給餌をするのは危険です。強制給餌の必要がありそうなときは、やっていいのかどうか、やり方などを含め、獣医師と相談のうえで行いましょう。

コミュニケーション

体調が思わしくないときは、必要な世話や看護以外はあまり構わないようにするのが原則です。日頃からよく慣れている個体なら、負担にならない程度に声をかけたりなでたりしてもいいですが、無理のない程度にしてください。

投 薬

薬は、処方された量と回数を守りましょう。効果が出るまでに時間がかかる場合もありますが、自己判断で投薬をやめたり、規定量よりも多く与えたりしないでください。

経過観察も大切です。治療中は、体重、食欲や元気の変化、排泄物の状態などを記録して、次の通院時に獣医師に伝えるといいでしょう。

❋飲み薬

甘い味つけがしてあるシロップ状の薬はそのまま飲んでくれることが多いでしょう。

粉薬は、ごく少量のペースト状の食べ物に混ぜるなどして与えます。たとえば、つぶしたバナナ、すりおろした果物、フルーツスプレッド、ふかしたサツマイモやカボチャをつぶしたものなどがあります。

食器から食べるのが難しい時は、
シリンジやマドラースプーンなどでサポートして。

錠剤はピルクラッシャーなどで細かくしてから粉薬と同じように与えます。ただし本来は錠剤と粉薬とでは効果が出るまでの時間が違うように作られているものです。与え方は獣医師と相談するといいでしょう。

❋ 塗り薬

シマリスを手で抱いて塗れればいいのですが、なかなか難しいことも多いでしょう。好物を食べている間に塗る方法があります。なかでも殻をむくのに時間がかかるナッツ類などがいいでしょう（すぐに頬袋に入れてしまうこともあります）。

塗ったところを舐めたり気にするようなら、飲み薬や注射に変えてもらえるか相談してみてください。

❋ 点眼薬

塗り薬と同様に難しいことも多いでしょう。タオルで体を巻くようにして抱き、顔だけを出してまぶたを開き、点眼します。点眼瓶の先端が、目や目の周囲につかないようにし、目から漏れた点眼薬は拭き取ります。ふたりがかりで行うとやりやすいでしょう。うまくできない場合は、飲み薬や注射などほかの方法がないか相談してみましょう。

呼吸に問題があるとき

肺炎などで呼吸が苦しそうな場合には、酸素室を使う方法があります。家庭では市販品やレンタルのものを使うことができます。必要となるのは酸素室と、酸素発生器、酸素濃度測定器です。酸素室は完全に密閉すると危険なので、酸素濃度を高め

に維持できて、完全には密閉されないもののほうがいいでしょう。酸素濃度は濃すぎても危険なので、使用する商品の説明書をよく読んで使用してください。大気中の酸素濃度は21％ほど、酸素室を利用するときは30〜40％ほどが目安となります。

応急的に、市販の携帯酸素（スプレータイプ）を使う場合は、プラケースなどの上部をビニールで覆い、携帯酸素の噴出し口を差し込む穴を四隅の一ヶ所に開け、酸素を送り込みます。別の隅にもいくつ小さな穴を開けると、酸素が全体にいきわたります。酸素濃度測定器がないときは、呼吸の様子を見ながら酸素を送り込みます。

要介護状態の場合

麻痺があるなどして自由に動き回れない場合は、ケージではなく広さのある大型のプラケース（モルモットやハムスターなどの飼育用）で飼育するといいでしょう。底には厚めに柔らかい床材を敷きます。布類をかじらない個体ならフリースなどもいいでしょう。

できるだけ自分から採食してくれるほうがいいので、自力で食べられるものを用意しますが、それだけでは栄養が不足することも多いので、前述の食事内容のようなものをスプーンで口元にもっていったり、強制給餌を行います。

飲水量が不足することもあるので、シリンジなどで飲ませます（誤嚥に注意）。

寝たままで排泄してしまう場合には、汚れた床材をこまめに交換しましょう。下腹部の汚れをそのままにしていると汚れが落としにくくなったり、皮膚疾患になったりするので、汚れたら拭き取ります。ただし、強くこすると皮

膚を傷めてしまいます。介護用の皮膚に優しいウェットティッシュなどを使うといいでしょう。蒸しタオル（熱すぎないよう注意）を使ってもいいでしょう。どうしても汚れが落ちないときは下半身のみお湯ですすぐこともできますが、体を冷やさないようすぐに吸水性のよいタオル（小動物の介護用がおすすめ）で水分を取ります。

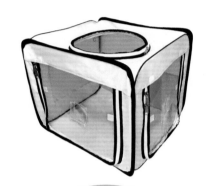

ペット用酸素室と酸素濃縮器。

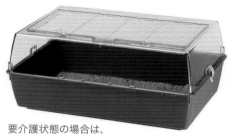

要介護状態の場合は、
高さのない広さのある住まいがよいでしょう。

高齢シマリスのケア

個体差もあるシマリスの高齢期

　個体差や、迎えてからの飼い方にもよりますが、飼育下では5歳くらいから高齢期にさしかかると考えられます。

　ただし、その年齢になったら急に老化が進むわけではないので、すべてのシマリスがいきなりシニア対策を始める必要もありません。たとえば、硬いものをよく食べている個体なら、高齢だからと柔らかいものを与えるのではなく、採食量が減っていたり、食べにくそうにしているようなら食事メニューを見直すなど、個体に応じた対策を考えてください。その一方では、程度の差はあれ老化が始まりつつあることは知っておきましょう。

　老化が進むと、できなくなることが増え、気を使ったり、手がかかるようになるかもしれません。それも長生きしてくれたからこそと考え、できないことはフォローしながらシニアライフを手助けしていきましょう。

　なお、高齢になって起こる体調変化のなかには、治療をすれば改善するものもあるでしょう。「高齢だからしかたない」とあきらめず、動物病院で相談してみましょう。

高齢になると見られる変化

● 歯が弱くなる（硬いものを食べたがらない、採食量が減る、痩せるなど）

● 消化吸収能力が衰える（痩せてくる、下痢、便秘など）

● 老齢性の病気になりやすくなる（腫瘍、白内障、関節炎、心臓や肺の病気や機能の低

下、肝臓や腎臓の病気など）

● 筋肉量が落ちる（痩せる、不活発になる、運動能力が低下するなど）

● 骨密度が低下する（骨折のリスクが増える）

● 被毛が作られにくくなる（薄毛になる、毛並みが悪くなるなど）

● 五感の衰え（嗅覚が衰えると食欲にも影響、視力が衰えると動きたがらなくなる、人が近づいていることに気づきにくくなるなど）

● 免疫力が低下する（感染症になりやすいなど）

● 恒常性（体温調節、ホルモンバランス、自律神経など）を維持しにくくなる（熱中症や低体温症のリスクが増える）

環境の見直し

　急激な環境変化や強いストレスを避け、おだやかな生活を送れるように環境を整えましょう。

　元気がいいなら、楽しい刺激を提供するのもいいでしょう。たとえば、好物を隠しておけるようなおもちゃ（わらで編んだボールなど）を用意するといったことです。

　運動能力が低下していないかどうか、よく観察して早くに気がついてあげましょう。安全対策は重要です。飛び移れたはずの止まり木から止まり木までの距離が飛べなくなることもあります。急に環境が変わると対処しにくいので、少しずつ、高い位置に設置してあるものを低くしていくなどの対応を。

　ただし、よく運動し、筋力の衰えを防ぐことも大切なことではあります。できること、できなくなってきたことの見きわめが欠かせません。

食事の見直し

　歯に問題がなく、食べる量が減ったり体重が減ったりしていないなら、急に食事メニューを変える必要はありません。

　ただし、食べる量が減ってきたり、痩せてくるようなら、シマリスが自分から食べる食事のほかに、食べやすいものを与えるなどのサポートをするといいでしょう（220ページ参照）。

　水が十分に飲めているかも確認してください。頭を上げて給水ボトルから水を飲むのが負担になることもあります。時間を決めてお皿で水を与えるのもいいでしょう。

筋肉が落ちてやせてきた

老齢性の病気になりやすい

運動能力が低下

おとしよりのシマリス

歯が弱くなり、硬いものが苦手になる

毛並みが悪くなる

五感が衰える

しっぽが細く見える

下痢あるいは便秘が多くなる

高齢になると見られる変化

リスの
文化史

リスと人との関わりの歴史

日本でシマリスが飼われるようになった背景

　古い時代にはリスを飼っていたという資料はあまりありません。鎌倉時代後期の花園天皇の日記『花園天皇宸記（はなぞののてんのうのしんき）』には、父であった伏見天皇の中宮・永福門院のところにある人からリスが献上されたが、その体つきは絵にあるものと似ていた、という記述があります。リスはニホンリスだろうと思われますが、飼育しようとしていたのか、見たのちに放したのかはわかりません。

　江戸時代初期には長崎奉行が徳川家にリスを献上した記録があり、長崎ですからおそらく外国船からもたらされたものでしょう。いわゆる鎖国が始まると、海外とのやりとりの機会は限定的になりますが、オランダ船がジャカルタなどからさまざまな珍しい動物とともにリスを運んできたこともあります。

　こうした外国産のリスの記録はあったり、ネズミの飼育指南書やカラーバリエーションの解説本も出版されたりしていますが、リスが飼育されていた様子を伝えるものはなかなか見つけられません。

　江戸時代中期に書かれた『本朝食鑑（ほんちょうしょっかん）』（著:人見必大。食物に関する解説本）にはリスについて、「歯は鉄のように硬いので、リスの子を飼うなら、その長さや大きさに応じた鉄の籠の中に入れる。その他のものだと必ず噛み破って脱出してしまう」、また、「好事家（こうずか）（趣味人や風雅を好む人といった意味）は、リスの巣穴を探って子を捕え、これを飼っている」とも書かれ、飼育の痕跡が見受けられますが、

一般的に行われていたのではなさそうです。

　リスを飼うことが一般的になったのは近代になってからでしょう。

　本州にはニホンリスがいますが、大きさからも、樹上生活者であることからも、飼育しようという気にはなかなかならなかったのかもしれません。そういった意味でシマリスのほうが飼いやすそうですが、日本では北海道にしかおらず、決して一般的ではなかったはずです。

　日本人にとってシマリスという動物が親しいものになったのは、シマリスが身近に生息している朝鮮半島を日本が統治していたころ（明治43年〜昭和20年）や、満州国を日本が実質上支配していたころ（昭和7年〜20年）からではないかと思われます。

　昭和16年に書かれた『実験狩猟術罠及網猟法（じっけんしゅりょうじゅつわなおよびもうりょうほう）』（著:吉村九一）ではシマリスを「鮮満（朝鮮半島と中国東北部）いたるところ森林内ことに針葉樹林中に多い」また、「人にはよく慣れる動物である。金網の中で車を廻している」と書いています。

　昭和17年に雑誌「動物文学」に動物学者の阿部襄が満州での出来事を書いてい

ます。

〈吉林省（満州）の大馬路（繁華街）にあった露天店でシマリスの子どもが売られているのを見て、飼ってみたいと思ったが、食べ物はわからないし、なにより小さすぎるのが心配で買わずに帰った。その後学校の寄宿舎に行くと、ひとりの学生がミカン箱に金網を張った箱の中でシマリスの子どもを4匹飼っているのを見た。裏山で、地下の巣穴から捕まえてきたという。そのリスを1匹もらって、自分の研究室に連れてきて、金網の箱に入れようとしたが逃げられてしまった。餌を使っても箱に入ってくれず、窓から外ばかり見ているのがいじらしくなってきて、自分が故郷を離れたときのことを思い出したりし、窓を開けておくと出ていった。学校の裏の林に行ってみると、リスの巣穴があることを知った。シマリスは地中に巣を作るのだろうか。内地（日本）のリス（ニホンリス）は梢のところに丸い杉皮の巣を作るのに、と思った。シマリスを飼っていた学生が休学して故郷の平壌近くに帰ることになり、シマリスの入った籠をもってきたので飼うことになった。大きな籠を作ってあげた。秋になると冬眠し、春には目覚めた。〉（注：概略です）

おそらく秋に書かれたものでしょう。もう冬眠の準備をし、巣もできていることを書いたあと、まもなく「リスは眠り始めることだろう」と締めくくられています。

また、「猫のように両手で顔の掃除をしたり、相撲の手おろしてのように（立ち会いのこと）右手だけ地につけて、左手は胸に上げたままのぞきこんだり、絵画などとはまるで違うような妙な形をしてみせる。また、トウキビなどやると、両ほほに一杯くわえこむので顔が横に広くなって、何か狸のような感になる」とシマリスのしぐさもよく観察しています。

昭和5年に発行された『花鳥写真図鑑』（写真とその動物の解説書）ではシマリスを「一種の愛玩動物」と解説し、家庭で飼われていたことが見てとれます。

戦後になると韓国からは大量のシマリスが輸入されるようになります。日本ではもともと古くから小鳥を飼育する文化がありました。シマリスは小鳥ほどの大きさで、飼うのに抵抗はなかったでしょう。当時は日本だった場所で身近な動物だったシマリスが現地の人たちに飼われていたことが、日本でのシマリス飼育が一般的になったことのひとつの背景なのかもしれません。

***

同じげっ歯目でもネズミは人の暮らしの近くに常に存在したため、山中に生息するリスとは違ってさまざま民話に登場したり、ことわざなども多いのですが、リスはそうではありませんでした。

しかしリスは今では誰もが知っているおなじみの動物です。次ページからは、リスについての古今東西のいろいろな話題を集めてみました。

リスの語源

リスは漢字で「栗鼠」と書きます。中国語では「松鼠」。なぜ日本では「栗鼠」になったのでしょう。漢語の「栗鼠(りっそ)」が転じたものといわれます。江戸時代中期に作られた『和漢三才図会』(著:寺島良安。今でいう百科事典のようなもの)のリス(鼯鼠)の項には「好んで栗豆を食べ、鼢鼠とともに田を害する」と書かれています。

「栗」は『和漢三才図会』が出典としている中国・明の『本草綱目』では「粟」となっています。「鼢鼠」は挿絵によるとおそらくモグラのこと。畑を荒らすとなれば地上性のリスを指しているようですが、挿絵では栗の木に登っているところが描かれています。また、『本草綱目』では貂を鼠類としていて、その異名として「栗鼠」と書かれています(『和漢三才図会』では、リスとテンは違うと書いています)。もしかしたら本当は、地上性のリスは「粟鼠」で、樹上性のリスが「栗鼠」と書かれるはずだったのかも?

なお、日本で刊行された古い辞典類は昔の中国の文献を参考にしているので、日本に生息する動物よりも中国大陸の動物を当てはめたほうがいいのかもしれません。

西洋では、ギリシャ語のリス「Skiourus」には「自分の尾の影に座るもの」という意味があります。これがリス属の学名「Sciurus」になり、フランス語のリス「ecureuil」、英語のリス「squirrel」の語源となりました。

スペイン語ではリスは「ardilla」で、Jリーグ・大宮アルディージャの名称の由来になっていて、マスコットキャラクターもリスです。旧大宮市在住の絵本作家あすかけんの絵本に登場する「こりすのトト」が市制50周年を記念したマスコットになっていて、リスは大宮市のマスコット的存在だというのが由来です。80ページでご紹介している「りすの家」も旧大宮市にあります。

『和漢三才図会』より鼯鼠。

© 1998 N.O.ARDIJA

Jリーグ・大宮アルディージャのエンブレムと「アルディ」くん。

日本で、古い時代にリスと人とがどんな関わりがあったのか、あまりよくわかっていません。ニホンリスは非常に古くから日本にいた動物ですが、遺跡から骨などが出土することもあまり多くはないようです。

また、リスは、モモンガやムササビなどあまり区別されていなかったようです。

古墳時代に作られていた埴輪にもリスをかたどったものは出土していないようですが、ムササビ形埴輪は出土しています（千葉県成田市・正福寺1号墳）。夜行性のムササビを目にする機会があるのならニホンリスも見ているはずなのですが、「昼間に見るあの動物と夜に見るあの動物は同じもの」と思われていたのでしょうか。

室町〜鎌倉期に成立したと思われる「就狩詞少々覚悟之事」という鹿狩りの解説書では、射てはいけない鳥として「木ねずみ、むささび」が登場します。滑空するムササビが鳥のたぐいと思われるのはわかりますが、リスは木の枝から枝に飛び移ったりするところが鳥の一種と見えたのでしょうか。獣食が禁じられていた時代なので、ウサギが「一羽二羽と数えるから鳥の仲間（なので食べてよい）」とされたという説のように、食用にするためだったのか……。

『本朝食鑑（ほんちょうしょっかん）』では、「リスといわれているのは、ことごとくムササビの子のことで、リスが老変して肉翅（ここでは飛膜のこと）が生えてムササビになる」という説があることを紹介しています。また、同時期の『大和本草（やまとほんぞう）』（著：貝原益軒。生物学書であり農学書）では、「貂の部」に「リスともいうが、違っているだろう」と解説されているなど、リスという生き物の明確なイメージはなかったようです。山林に生息し、日常的に目にしない動物なだけに、こうした微妙な立ち位置にあったのかもしれません。

窪田空穂（くぼたうつぼ）は明治から昭和にかけて活動した歌人・国文学者です。空穂には

〈這ひあがれば上るまがまゝにまはる車小さき縞栗鼠天まで上るか〉
〈車すてゝ籠を駈け廻る縞栗鼠のあきらめかぬるか又も車に〉

というシマリスを詠んだ歌があります。ペットとして飼っていたのでしょうか。ケージの中で回し車を勢いよく回したり、回し車を離れてケージの中を走り、また回し車を回し始める、といった、飼い主にはなじみのある光景が歌われています。

利用 されるリス

愛玩動物として飼育することもある意味ではリスを利用しているともいえますが、実際に利用する文化も知られています。

まず食用です。前述の『本朝食鑑』に載っていることからは、食べるものという認識もあったかもしれません。マンガ『ゴールデンカムイ』ではアイヌ民族の食文化としてリスを食べることが紹介されていますし、イギリスやアメリカをはじめ海外でも食用にされることがあるようです。

毛皮としても利用しています。シベリア産のキタリスが品質がよいのだとか。古くはニホンリスの毛皮が、第二次世界大戦では満州の軍人のための防寒用手袋や耳覆いなどとして使われました。また、江戸時代の蝦夷地(北海道)との交易では、エゾシマリスの毛皮も扱われていました。

リスの毛は柔らかく、絵筆や高級化粧筆として人気があります。中国や北米などから輸入されているようです。

第5話 北鎮部隊

©野田サトル／週刊ヤングジャンプ・集英社

アイヌ語の 「リス」

リスは、アイヌの人々にはおなじみの動物でした。北海道にいるのはエゾシマリスとエゾリスです。

アイヌ語での呼び名を見てみると、リスたちの仕草や外見、生態を表しているものもあって、とても興味深いです。地域による違いもあり、いくつもの呼び方があります。

まずはエゾリス。「ウェンペ」は「悪いもの」という意味です。前足を合わせている様子が人を拝むように見えて不吉とされたのだとか。「トゥッスニケ」は「巫術を使って姿を消すもの」で、前足をすり合わせたあとにさっと姿を消してしまう様子が呪術のようだから。ものを食べたり顔をグルーミングしたりするときに器用に使う前足も、見方によってはそんなふうに思えるんですね。「ニオウ」や「ニヨウ」は「木々を渡るもの」という意味です。

そしてシマリスです。縞模様から「カセクルクル(その上に線を持つ神)」「ルオチロンヌプ(縞がついている獣)」「ルウオプ(筋がついている者)」、樹洞にも巣を作る様子で「ニスイクルクル(木に穴をもつ神)」、すばしこく巣穴に潜り込む様子なのか「ニドスニケ(木巫術を使い消える)」。エゾリスと同じようにそのしぐさが不吉とされていたり、作物を荒らしたりすることもあるからか「ウェンクル(悪い神)」という呼び名もあります。

230　Chapter 9　リスの文化史　　　　　　　　　　　　　　PERFECT PET OWNER'S GUIDES

シマリスに縞がある理由

モンゴルではクマがシマリスに縞をつけました。冬眠明けでひどく空腹なクマが、シマリスの住んでいる穴を訪ねて食べ物をくれないかと頼みました。頼られて嬉しいシマリスは食料貯蔵庫にクマを連れていき、クマは貯めてある杉の実をたくさん食べました。お腹いっぱいになったクマはシマリスに感謝し、シマリスを抱きしめます。しかしクマの爪で背中を引っかかれ、血が出てしまいました。その血が固まり、5本の縞になりました。

ロシアの民話ではやはり冬眠明けのクマに貯蔵していた食べ物をあげますが、このクマはシマリスをなでたので縞がつきました。ネイティブアメリカンの民話では、シマリスはクマをからかい、怒ったクマに追いかけられたときにかろうじて逃げ、そのときに爪痕をつけられてしまいます。

インドではインドシマヤシリスに王子様が縞をつけました。ある国の王子の妻が魔王に幽閉されてしまいます。魔王の国に渡って妻を救出するためには海に橋をかけねばなりません。サルたちは石を海に投げて橋をかけ、リスたちは砂の上を転がって毛の間に砂をつけ、それを石の上でふるい落として隙間を埋めるお手伝いをしました。王子はそれを喜び、右手の指でリスの背中をなでました。その指の跡が白い筋となって残ったのです。

リスとブドウの組み合わせ

絵画や工芸品の分野では、トラは竹林とともに、ウサギは月や波とともに描かれるというような、動物と植物の定番の組み合わせというものがあります。リスの場合は「ブドウ」です。「葡萄栗鼠文（栗鼠葡萄文）」といいます。たくさん実がなるブドウと、たくさん子を生むリス（リスはそれほど多産ではないですが、おそらく多産のネズミに似ているから）との組み合わせが、豊穣をあらわす縁起のよい文様と

してめでたがられたようです。

葡萄栗鼠文は正倉院御物にも見られる古くからある文様でしたが、和様なものが流行するようになっていったん見られなくなり、桃山時代頃に復活します。武士の時代になると、「武道（ブドウ）に律す（リス）」という語呂合わせで武家に好まれたとか。

なお、消失前の沖縄・首里城正殿の御差床（王が座る玉座）の下にも葡萄栗鼠文が描かれていました。復元したさいには見てみたいですね。

シンデレラの
靴は
リスの靴?

誰もが知っている
シンデレラのお話。
王子様は、舞踏会
のときにシンデレラが
忘れていったガラス
の靴を手がかりに彼女を探し出してプロ
ポーズします。このガラスの靴、実はリス
の毛皮の靴だった、という説があります。
シンデレラの物語が民話として伝わってい
くなかで、「リスの毛皮(vair)」を、同じ
発音の「ガラス(verre)」と誤認したという
のです。かつてロシアのキタリスの白い
お腹の毛は、王族の衣装の飾りとしてよ
く使われていたのだそうです。それに、ガ
ラスの靴では痛そうですね。

　ただし、誤認ではなくガラスの靴で
合っているという説もあります。シンデレラ
の足にしか合わないものでなければなら
ないのに、毛皮の靴ではちょっと足が大
きくても履けてしまうし、そもそも魔法使い
も登場する夢のような物語なので美しい

ガラスの靴(金の靴や銀の靴が登場するバー
ジョンもあるようです)がふさわしいともいわれ
ます。

　ガラスの靴よりリスの靴のほうが軽々と
ステップを踏めるようにも思えますが、リス
の毛皮ではないほうが嬉しいような。皆
さんはどちらの物語がお好みですか?

元祖?
肩乗りリス、
チャッピー

アニメに登場する
リスといえば「風の谷
のナウシカ」のキツネ
リス(げっ歯目リス科なの
かどうかはわかりません)
が有名ですが、ずーっと昔にも主人公
の肩に乗っているリスがいました。昭和
40年代初めに放送されていたアニメ
「宇宙少年ソラン」の宇宙リス・チャッ
ピー。主人公ソランとともに悪と戦うリス
だったのです。当時、アニメの提供だっ

た森永製菓のチョコレートボール(のちの
チョコボール)のパッケージにも登場する、
子どもたちにも大人気のリスでした。

『宇宙少年ソラン』© TBS

大正時代には漫画「正チャンの冒険」（作:小星、画:東風人）に、相棒としてリスが登場し、冒険を繰り広げます。リスは耳に房毛があって、ちょっとエゾリスのようにも見えますね。日本で初めての日刊連載の新聞4コマ漫画で、フキダシも使われています。ただ、リスには名前がついておらず、正チャンは「リス」と呼びかけています。リスは正チャンの半分くらいの身長で描かれているので、ペットやマスコット的存在ではなくてまさに相棒

といったところ。

ちなみに、先端にポンポンがついた毛糸の帽子のことを「正ちゃん帽」と呼ぶのは、この漫画が由来です。

『お伽正チャンの冒険』壱の巻
（所蔵：川崎市市民ミュージアム）

「ピーターラビットのおはなし」の作者ビアトリクス・ポターが描いたリス（キタリス）のお話です。

湖のそばの木に、きょうだいやいとこたちと住むナトキンは、湖の真ん中にあるフクロウの島に向かいます。木の実を取る許可をもらおうとみんなはフクロウに丁寧にお願いをしますが、ナトキンだけはふざけてばかり。しばらくは無視していたフクロウもとうとう頭に来てナトキンを捕まえてしっぽをつかみます。ナトキンはあやうく逃げられたものの、さてしっぽは……というお話。

湖を渡るときにリスたちは、尾を立てて帆の代わりにしています。この物語はイギリスで作られたものですが、ネイティブアメリカンの伝説にも、旅をするリスが尾を帆として湖を渡り、それを見たネイティブアメ

リカンの人々が帆の存在を知って、リスは船乗りの先祖とされた、というお話が残っています。

「りすのナトキンのおはなし」より
ビアトリクス・ポター 作・絵
いしいももこ 訳・福音館書店 刊

シマリスとのお別れ

 ペットロス

命ある生き物ですから、シマリスとのお別れも必ずやってくるのはしかたのないことです。最後はありがとうという気持ちで送り出してあげてほしいと思います。

飼っていた動物が亡くなった悲しさや喪失感をペットロスといいます。悲しみの程度に個人差はあっても、誰もが体験することだと思います。泣きたいときは泣いてください。無理に感情を抑え込むことはありません。いつか時間が経てば楽しかったことを笑顔で思い出せるようになるでしょう。感情を揺さぶってくれるような動物と出会えたことは幸せなことだと思います。

 供養の方法

供養の方法にはいろいろなものがありますが、自分が納得できる方法を選ぶことがとても大切です。

❶**自宅の庭**：動物に掘り起こされないよう深めに穴を掘って埋葬します。公園や山林などの公共の場や他人の私有地への埋葬は、違法ですので注意してください。

❷**ペット霊園**：シマリスのような小さな動物でも丁寧に扱っていただけるところも増えています。個別火葬ではお骨を霊園に安置するか、持ち帰って自宅供養します。合同火葬では霊園に合同で埋葬されます。

ペット霊園によって、小動物は扱っていなかったり、人の葬儀に準ずるような供養の儀式があるなどさまざまなので、「縁起でもない」とは思わず、あらかじめ候補を探しておくのがいいと思います。

❸自治体でもペットの火葬も受け付けていますが、扱いは場所によって大きく違うので、お住まいの自治体に確認しておきましょう。

これからのシマリスたちのために

かかりつけの動物病院があるなら、獣医師に経過などを報告していただけるといいかと思います。よかったことも失敗も含め、飼育管理や闘病の経験をほかの皆さんに伝えるのもいいことだと思います。こうした報告や体験談が、これから先のシマリスたちにも役立ち、命のバトンにもなることでしょう。

参考文献

- RSPCA「Chipmunks」、〈https://www.rspca.org.uk/adviceandwelfare/pets/rodents/chipmunks〉
- 赤羽良仁、高見義紀「エキゾチックアニマルの飼育指南　シマリス」、『エキゾチック診療』3（2）、2011年
- 阿部襄「朝鮮縞栗鼠」、『動物文学88』1942年
- 阿部又信ほか『ベーシック小動物栄養学』ファームプレス、2019年
- David Alderton『Rodents of the World』Facts on File、1996年
- 大野瑞絵『ペット・ガイド・シリーズ ザ・リス』誠文堂新光社、2005年
- 押田龍夫「総説:シマリス属の系統進化と分類」、『リスとムササビ』34号
- 押田龍夫「日本産リス科動物の進化的歴史―各々の属そして種が示す動物地理学的特徴の形成過程を考える」、『タクサ』32号、2012年
- Ok Kerrin Grant「Nutrition of Tree-dwelling Squirrels」、『Veterinary Clinics of North America: Exotic Animal Practice』12（2）、2009年
- 梶島孝雄『資料日本動物史』八坂書房、2002年
- ヴィクトル・ガツァーク（編）、渡辺節子（訳）『ロシアの民話2』恒文社、1980年
- 金井紫雲『芸術資料 第三期 第七冊』芸艸堂、1936〜1941年
- 鎌田泰斗ほか「実験室条件下におけるシベリアシマリスTamias sibiricusの雌の発情特性」、『哺乳類科学』60（1）、2020年
- 川道武雄（編）「動物たちの地球 哺乳類II⑨」『週刊朝日百科』57号、1992年
- 川道武男ほか（編）『冬眠する哺乳類』東京大学出版会、2000年
- 川道美枝子、川道武男「シマリスの子育て」、『哺乳類科学』48号、1984年
- 川道美枝子「オホーツク海岸林の生物相とシマリスの食性」、『知床博物館研究報告』第3集、1981年
- 川道美枝子「シマリスの食物貯蔵」、『どうぶつと動物園』1994年
- 川道美枝子「シマリスの生活」、『しれとこ資料館報告』5号、1978年
- 川道美枝子・川道武男『郷土学習シリーズ第5集 シマリスの四季』斜里町立知床博物館、1984年
- 川道美枝子ほか「シマリスの巣の構造とその利用」、『知床博物館研究報告』第5集、1983年
- 川村正一（編）『アイヌ語の動植物探集』文泉堂、2005年
- キム・ファン「朝鮮シマリスの１００年〈上〉」、〈https://kimfang.exblog.jp/14969224/〉
- キム・ファン「朝鮮シマリスの１００年〈下〉」、〈https://kimfang.exblog.jp/14977501/〉
- キム・ファン「朝鮮シマリスの１００年〈中〉」、〈https://kimfang.exblog.jp/14972046/〉
- H. L. グンダーソン、堀川惠子（訳）「プレイリードッグの町」、『アニマ』130号、1983年
- T. Kobayashi、M. Watanabe「Responses to unfamiliar excretion marks in Siberian chipmunks Eutamias sibiricus asiaticus」、『Zool Sci』3号、1986年
- 小林朋道『絵でわかる動物の行動と心理』講談社、2013年
- 近藤宣昭「年を刻む冬眠物質」、〈https://www.brh.co.jp/publication/journal/075/research_1〉
- 近藤宣昭『冬眠の謎を解く』岩波書店、2010年
- G. M. Saddington「NOTES ON THE BREEDING OF THE SIBERIAN CHIPMUNK Tamias sibircius IN CAPTIVITY」International Zoo Yearbook、1966年
- 更科源蔵、更科光『コタン生物記2』青土社、2020年
- 視覚デザイン研究所・編集室『日本・中国の文様事典』視覚デザイン研究所、2000年
- Richard W. Thorington ほか『Squirrels of the World』Johns Hopkins Univ Press、2012年
- Richard W. Thorington ほか『Squirrels: The Animal Answer Guide』Johns Hopkins Univ Press、2006年
- 高橋和明ほか（編）『実験動物の飼育管理と手技』ソフトサイエンス社、1979年
- 田村典子『リスの生態学』東京大学出版会、2011年
- 知里真志保『分類アイヌ語辞典 第2巻（動物篇）』日本常民文化研究所、1962年
- 霍野晋吉、横須賀誠『カラーアトラスエキゾチックアニマル　哺乳類編』緑書房、2012年
- 寺島良安、島田勇雄ほか（訳注）『東洋文庫466 和漢三才図会6』平凡社、1991年
- 西岡直樹『インド動物ものがたり』平凡社、2000年
- 日本動物保健看護系大学協会カリキュラム委員会（編）『臨床動物看護学2』エデュワードプレス、2019年
- 日本動物看護職協会臨床栄養指導認定動物

看護師認定委員会（監修）『動物栄養学』、エデュワードプレス、2013年

Antoinette J. Piaggioほ か「Molecular Phylogeny of the ChipmunkGenus *Tamias* Based on the Mitochondrial Cytochrome Oxidase Subunit II Gene」、『Journal of Mammalian Evolution』7（3）、2000年

日高敏隆（監修）『日本動物大百科1』平凡社、1996年

人見必大、島田勇雄（訳注）『東洋文庫395 本朝食鑑5』平凡社、1981年

Barbara H. Blakeほ か「Estrous Cycle and Related Aspects of Reproduction in Captive Asian Chipmunks, *Tamias sibiricus*」、『Journal of Mammalogy』69（3）、1988年

Livia Benato「TREATMENT APPROACHES AIMED AT KEEPING CHIPMUNKS IN TUNE」、〈https://www.vettimes.co.uk/app/uploads/wp-post-to-pdf-enhanced-cache/1/treatment-approaches-aimed-at-keeping-chipmunks-in-tune.pdf〉

北海道のホームページ「指定外来種の指定」、〈https://www.pref.hokkaido.lg.jp/ks/skn/shiteigairaishu01.html〉

松浦竹四郎、正宗敦夫（編纂校訂）『多気志楼蝦夷日誌集2 (覆刻日本古典全集)』現代思潮社、1978年

松田忠徳『モンゴルの民話』恒文社、1994年

松本浩毅「動物用のサプリメントを考える」、『ペット栄養学会誌』20（2）、2017年

光永俊郎「ドングリの食文化（16）ドングリの食品栄養科学」、『FFIジャーナル』221（2）、2016年

三輪恭嗣（監修）『エキゾチック臨床 Vol.19 小型げっ歯類の診療』学窓社、2020年

Anna Meredithほ か（編）『Manual of Exotic Pets』BSAVA、2010年

本川雅治（編）『日本のネズミ』東京大学出版会、2019年

文部科学省「日本食品標準成分表2020年版（八訂）」、〈https://www.mext.go.jp/a_menu/syokuhinseibun/ mext_01110.html〉

山田文雄ほか（編）『日本の外来哺乳類』東京大学出版会、2011年

山本祐治『リス 樹の上のやんちゃ坊主』自由国民社、1986年

吉村九一『実験狩猟術罠及網猟法』照林堂書店、1941年

Roger Rumford『Chipmunks as Pets』Imb Publishing、2015年

李時珍『本草綱目』、〈https://dl.ndl.go.jp/info:ndljp/pid/2556437/96〉

Ekaterina V. Obolenskaya ほか「Diversity of Palaearctic chipmunks (*Tamias*, Sciuridae)」、『Mammalia』73、2009年

Canary Seed Development Commission of Saskatchewan「Nutrient Composition of Canaryseed Groats」、<https://www.canaryseed.ca/documents/NutritionFacts-CanaryseedGroats-May2016.pdf>

菊地恭乃ほか「輸入シマリス(*Tamias sibiricus*)におけるサルモネラ症の集団発生」、『獣医畜産新報』63（3）、2010年

農業・食品産業技術総合研究機構（編）『日本標準飼料成分表』中央畜産会、2010年

おわりに

　はじめてわが家にシマリスがやってきたのは思いがけないきっかけからでしたが、その魅力に惹きつけられたのはかわいさや仕草もさることながら、本などで野生下での暮らしを知ったこともとても大きかったなと思い出しています。こんな小さな生き物なのに野生下でたくましく生きていることを知って、ますますシマリスが好きになりました。

　最初に飼ったシマリスは、病気で亡くなる前日にもなお、ケージの隅に食べ物を隠していました。生きることを諦めない、前しか向いていないシマリスの姿は、私にたくさんのことを教えてくれました。きっと皆さんもおうちのシマリスからいろいろなことを教わっているんだと思います。

　最後にひとつお願いです。日本の生物多様性を考えたとき、外来種であるペットのシマリスがウェルカムな状態ではないことはとても理解しています。でも、シマリスと暮らすことの魅力を知ってしまった以上、特定外来生物となって飼育できなくなるような日は来ないでほしい、とも思っている自分がいます。日本にやってきたシマリスには、飼育下で生涯を終えるよりほかに一生の過ごし方はありません。

　どうかずっとあなたのシマリスを愛してください。

写真ご提供・撮影・取材ご協力者

写真ご提供・取材ご協力

発刊にあたり、アンケートへのご協力、写真ご提供、情報ご提供をしていただきました。心より感謝申し上げます。

- カン&ココ♬
- ゆきんこ
- MIHO
- みつき
- masato
- せんちゃん
- チップママ
- Bikke the chip
- あいボン
- まるみ
- マリコ
- YUI
- かーこ
- 稲田周一
- nagisa
- シマリストきむら
- こしま
- つくし
- ケーキ

- 紅雪
- チビママ
- ごはん
- ななな
- 阿部みどり
- 小玉真由美
- たいだまん。
- ころん
- 松田登志子
- マリン
- にこ
- トロ
- cocoa
- ベンジー
- ここなぎ
- かりんとうママ
- さりんこ
- 澤田
- ぴぴ氏

- まひろ
- なお
- 鈴木さゆり
- チビスケ
- さく
- まりーぬ
- シゲッチ
- きなこ
- まめ
- はるねえ
- せんとん
- もやし
- えびちゃん
- 繁松風都
- ちょこ
- まるまろ
- メイちゃんパパ
- モイラ
- さつき

- Bikke the chip
- アースのなかま
- Ricky_バイトくん・すこちゃん
- 綾野早苗
- シマリスアンケートにお答えいただいた方々

写真及び図版ご提供・ご協力

- 日立市かみね動物園
- 札幌市円山動物園
- 長野市茶臼山動物園
- 町田リス園
- 井の頭自然文化園
- 株式会社三晃商会
- 株式会社ファンタジーワールド
- ジェックス株式会社
- 豊栄金属工業株式会社
- 株式会社リーフ（Leaf Corporation）
- 株式会社マルカン
- 株式会社タニタ

- イースター株式会社
- 有限会社ジクラ
- 株式会社キクスイ
- ナチュラルペットフーズ株式会社
- 株式会社川井
- 株式会社ユニコム
- 今井啓二
- 中村あや

- 大宮アルディージャ
- 株式会社集英社
- 株式会社TBSテレビ
- 株式会社エイケン
- 川崎市市民ミュージアム
- 株式会社福音館書店

撮影ご協力

- ❋ Bikke the chip
- ❋ さいたま市 市民の森・見沼グリーンセンター「りすの家」
- ❋ ペットショップ ピュア☆アニマル
  https://pure-animal.jp
- ❋ 小泉春樹・順子

症例写真ご提供

- ❋ 三輪恭嗣（日本エキゾチック動物医療センター院長）

Special Thanks

- ❋ 森林総合研究所 多摩森林科学園 田村典子

PROFILE

【著者】

大野 瑞絵　おおの・みずえ

　東京生まれ。動物ライター。「動物をちゃんと飼う、ちゃんと飼えば動物は幸せ。動物が幸せになってはじめて飼い主さんも幸せ」をモットーに活動中。著書に『デグー完全飼育』『ハリネズミ完全飼育』『新版よくわかるウサギの健康と病気』（以上小社刊）、『くらべてわかる！イヌとネコ』（岩崎書店刊）など多数。シマリス飼育書をこれまでに6冊出版。動物関連雑誌にも執筆。1級愛玩動物飼養管理士、ヒトと動物の関係学会会員、ペット栄養管理士、雑穀エキスパート。

【医療監修（8章）】

三輪 恭嗣　みわ・やすつぐ

　日本エキゾチック動物医療センター（みわエキゾチック動物病院）院長。宮崎大学獣医学科卒業後、東京大学附属動物医療センター（VMC）にて獣医外科医として研修。研修後アメリカ、ウィスコンシン大学とマイアミの専門病院でエキゾチック動物の獣医療を学ぶ。帰国後VMCでエキゾチック動物診療の責任者となる一方、2006年にみわエキゾチック動物病院開院。日本獣医エキゾチック動物学会会長。

【写真】

井川 俊彦　いがわ・としひこ

　東京生まれ。東京写真専門学校報道写真科卒業後、フリーカメラマンとなる。1級愛玩動物飼養管理士。犬や猫、うさぎ、ハムスター、小鳥などのコンパニオン・アニマルを撮り始めて30年以上。『新・うさぎの品 種大図鑑』『デグー完全飼育』『ハリネズミ完全飼育』（以上小社刊）、『図鑑NEO どうぶつ・ペットシール』（小学館刊）など多数。

【章扉、おわりにイラスト】

福士 悦子　ふくし・えつこ

【編集】

前迫 明子　まえさこ・あきこ

【デザイン／イラスト】

Imperfect

（竹口 太朗／平田 美咲）

パーフェクト　ペット　オーナーズ　ガイド
PERFECT PET OWNER'S GUIDES

飼育管理の基本、生態・接し方・病気がよくわかる

シマリス完全飼育

2022年4月17日　発　行	NDC489

著　　　者	大野瑞絵
発　行　者	小川雄一
発　行　所	株式会社 誠文堂新光社
	〒113-0033 東京都文京区本郷 3-3-11
	電話 03-5800-5780
	https://www.seibundo-shinkosha.net/
印刷・製本	図書印刷 株式会社

©Mizue Ohno, Toshihiko Igawa. 2022　　　　　　　　Printed in Japan

ISBN978-4-416-52221-9